国家出版基金项目
NATIONAL PUBLICATION FOUNDATION

· 中国海洋产业研究丛书 ·

侍茂崇 主编

海洋工程产业

发展现状与前景研究

侍茂崇 ◎ 编著

SPM
南方出版传媒
广东经济出版社
· 广 州 ·

图书在版编目（CIP）数据

海洋工程产业发展现状与前景研究／侍茂崇编著．—广州：广东经济出版社，2018.5
ISBN 978－7－5454－5994－4

Ⅰ．①海… Ⅱ．①侍… Ⅲ．①海洋工程－产业发展－研究－中国Ⅳ．①P75

中国版本图书馆 CIP 数据核字（2017）第 310370 号

出 版 人：李　鹏
责任编辑：周　晶
责任技编：许伟斌
装帧设计：介　桑

海洋工程产业发展现状与前景研究
Haiyang Gongcheng Chanye Fazhan Xianzhuang Yu Qianjing Yanjiu

出版发行	广东经济出版社（广州市环市东路水荫路 11 号 11 ~ 12 楼）
经销	全国新华书店
印刷	广州市岭美彩印有限公司 （广州市荔湾区花地大道南海南工商贸易区 A 幢）
开本	730 毫米 × 1020 毫米　1/16
印张	15.75
字数	230 000 字
版次	2018 年 5 月第 1 版
印次	2018 年 5 月第 1 次
书号	ISBN 978－7－5454－5994－4
定价	68.00 元

如发现印装质量问题，影响阅读，请与承印厂联系调换。
发行部地址：广州市环市东路水荫路 11 号 11 楼
电话：（020）37601950　邮政编码：510075
邮购地址：广州市环市东路水荫路 11 号 11 楼
电话：（020）37601980　营销网址：http://www.gebook.com
广东经济出版社新浪官方微博：http://e.weibo.com/gebook
广东经济出版社常年法律顾问：何剑桥律师

总序

preface

侍茂崇

2013年9月和10月习近平主席在出访中亚和东盟期间分别提出了"丝绸之路经济带"和"21世纪海上丝绸之路"两大构想（简称为"一带一路"）。该构想突破了传统的区域经济合作模式，主张构建一个开放包容的体系，以开放的姿态接纳各方的积极参与。"一带一路"既贯穿了中华民族源远流长的历史，又承载了实现中华民族伟大复兴"中国梦"的时代抉择。

海洋拥有丰富的自然资源，是地球的主要组成部分，是人类赖以生存的重要条件。它所蕴含的能源资源、生物资源、矿产资源、运输资源等，都具有极大的经济价值和开发价值。21世纪需要我们对海洋全面认识、充分利用、切实保护，把开发海洋作为缓解人类面临的人口、资源与环境压力的有效途径。

我国管辖海域南北跨度为38个纬度，兼有热带、亚热带和温带三个气候带。海岸线北起鸭绿江，南至北仑河口，长1.8万多千米。加上岛屿岸线1.4万千米，我国海岸线总长居世界第四。大陆架面积130万平方千米，位居世界第五。我国领海和内水面积37万~38万平方千米。同时，根据《联合国海洋法公约》的规定，沿海国家可以划定200海里专属经济区和大陆架作为自己的管辖海域。在这些海域，沿海国家有勘探开发自然资源的主权权利。我国海洋面积辽阔，蕴藏着丰富的海洋资源。

自改革开放以来，中国经济取得了令人瞩目的成就。进入21世纪后，海洋经济更是有了突飞猛进的发展，据国家海洋局初步统计，2017年全国海洋生产总值77611亿元，比上年增长6.9%，海洋生产总值占国内生产总值的9.4%。同时，海洋立法、海洋科技和海洋能源勘测、海洋资源开发利用等方面也取得了巨大的进步，我国公民的海权意识和环保意识也大幅提高，逐渐形成海洋产业聚集带、海陆一体化等发展思路。但总体而言，我国海洋产业发展较为落后。而且，伴随着对海洋的过度开发，其环境承载能力也受到威胁。海洋生物和能源等资源数量减少、海水倒灌、海岸受到侵蚀，沿海滩涂和湿地面积缩减：种种问题的凸现证明，以初级海洋资源开发、海水产品初加工等为主的劳动密集型发展模式，已经不能适应当今社会的发展。海洋产业区域发展不平衡、产业结构不尽合理、科技含量低、新兴海洋产业尚未形成规模等，是我们亟待解决的问题，也是本书要阐述的问题。

海洋产业有不同分法。

传统海洋产业划分为12类：海洋渔业、海洋油气业、海洋矿业、海洋船舶业、海洋盐业、海洋化工业、海洋生物医药业、海洋工程建筑业、海洋电力业、海水利用业、海洋交通运输业、海洋旅游业。

有的学者根据产业发展的时间序列分类：传统海洋产业、新兴海洋产业、未来海洋产业。在海洋产业系统中，海洋渔业中的捕捞业、海洋盐业和海洋运输业属于传统海洋产业的范畴；海洋养殖业、滨海旅游业、海洋油气业属于新兴海洋产业的范畴；海水资源开发、海洋观测、深海采矿、海洋信息服务、海水综合利用、海洋生物技术、海洋能源利用等属于未来海洋产业的范畴。

有的学者按三次产业划分：海洋第一产业指海洋渔业中的海

洋水产品、海洋渔业服务业以及海洋相关产业中属于第一产业范畴的部门。海洋第二产业是指海洋渔业中海洋水产品加工、海洋油气业、海洋矿业、海洋盐业、海洋化工业、海洋生物医药业、海洋电力业、海水利用业、海洋船舶工业、海洋工程建筑业，以及海洋相关产业中属于第二产业范畴的部门。海洋第三产业，包括海洋交通运输业、滨海旅游业、海洋科研教育管理服务业以及海洋相关产业中属于第三产业范畴的部门。

根据党的十九大报告提出的"坚持陆海统筹，加快建设海洋强国"，我国海洋经济各相关部门将坚持创新、协调、绿色、开放、共享的新发展理念，主动适应并引领海洋经济发展新常态，加快供给侧结构性改革，着力优化海洋经济区域布局，提升海洋产业结构和层次，提高海洋科技创新能力。本丛书旨在为我国拓展蓝色经济空间、建设海洋强国提供一定的合理化建议和理论支持，为实现中华民族伟大复兴的"中国梦"贡献力量。

本丛书总的思路是：有机整合中国传统的"黄色海洋观"与西方的"蓝色海洋观"的合理内涵，并融合"绿色海洋观"，阐明海洋产业发展的历史观，以形成全新的现代海洋观——在全球经济一体化及和平与发展成为当今世界两大主题的新时代背景下，以海洋与陆地的辩证统一关系为视角，去认识、利用、开发与管控海洋。这一现代海洋观，跳出了中国历史上"黄色海洋观"与西方历史上"蓝色海洋观"的时代局限，体现了历史传承与理论创新的精神。

21世纪是海洋的世纪，强于世界者必盛于海洋，衰于世界者必败于海洋。

前言

　　港口是海洋工程的重要组成部分。人们最先认识海洋工程就是从"港口"开始的。

　　宋代诗人杨冠卿曾对"港口"写出如下诗句：

　　野寺云山迥，人家烟火稀。

　　水腥渔市近，帆落晚风微。

　　拂树昏鸦去，迎船白鸟飞。

　　吾生乐江海，犹恐与心违。

　　现代人对"港口"却更关心安全问题。李芳清的诗：

　　……

　　你是湛蓝的天空，

　　不会掀起狂风暴雨。

　　你是温暖的胸怀，

　　给人温馨惬意。

　　你是远航船只的思念，

　　有你就无风口浪尖。

　　……

　　我国拥有大陆海岸线总长度18000多公里与6500多个面积在500

平方米以上的岛屿。根据《联合国海洋法公约》，我国所管辖的海域有近300万平方公里，相当于我国陆地国土的1/3。中国要解决好人口、资源和环境问题，在21世纪中叶达到中等发达国家水平，重要出路就是走向海洋。发展海洋工程则是走向海洋的必要条件。海洋开发利用首先必须依赖于海上工程设施。

　　海洋工程的发展关系到环境保护、资源开发和国土主权安全，是我国建设海洋强国的重要支撑。随着海洋开发和利用的迅猛发展，海洋工程领域正成为各国科学研究与生产开发的热点之一。

一、何谓海洋工程

　　海洋工程，是指以开发、利用、保护、恢复海洋资源为目的，并且工程主体位于海岸线向海一侧的新建、改建、扩建的工程。具体包括：港口建设、围填海、海上堤坝工程，人工岛、海上和海底物资储藏设施、跨海桥梁、海底隧道工程，海底管道、海底电（光）缆工程，海洋矿产资源勘探开发及其附属工程，海上潮汐电站、波浪电站、温差电站等海洋能源开发利用工程，大型海水养殖场、人工鱼礁工程，盐田、海水淡化等海水综合利用工程，海上娱乐及运动、景观开发工程，以及国家海洋主管部门会同国务院环境保护主管部门规定的其他海洋工程。

二、海洋工程简单分类

（一）按开发内容来划分

1. 海洋资源开发工程

　　其中包括生物资源、矿产资源、海水资源、海洋能源（潮汐发电、波浪发电、温差发电等）。

2. 海洋空间利用工程

其中包括沿海滩涂利用、海洋运输、海上机场、海上工厂、海底隧道、海底军事基地等。

3. 海岸防护工程

其中包括防潮大堤、浅水堤坝、湿地保护和污染防治等。

（二）按水深和空间区位来划分

按水深和空间区位来划分，可分为：海岸工程、近海工程和深海工程三类。但三者又有所重叠。

1. 海岸工程

地中海沿岸国家在公元前1000年已开始航海和筑港；中国早在公元前306年至公元前200年就在沿海一带建设港口，东汉（公元25—220年）时开始在东南沿海兴建海岸防护工程；荷兰在中世纪初期也开始建造海提，并进而围垦海涂，与海争地。长期以来，随着航海事业的发展和生产建设的增长，海岸工程得到了很大的发展，其内容主要包括海岸防护工程、围海工程、海港工程、河口治理工程、海上疏浚工程、沿海渔业工程、环境保护工程等。但"海岸工程"这个术语到20世纪50年代才首次出现。随着海洋工程水文学、海岸动力学和海岸动力地貌学以及其他有关学科的形成和发展，海岸工程学也逐步成为一门系统的技术学科。

2. 近海工程

近海工程又称离岸工程。从20世纪后半期开始，世界人口和经济迅速膨胀，对蛋白质、能源的需求量也急剧增加，随着开采大陆架海域的石油与天然气，以及海洋资源开发和空间利用规模的不断扩大，与之相适应的近海工程成为近30年来发展最迅速的工程之一。其主要标志是出现了钻探与开采石油（气）的海上平台，作业范围已由水深10米以内的近岸水域扩展到了水深200米的大陆架水域。如浮船式平台、半潜式平台、自升式平台、石油和天然气勘探开采平台、浮式贮油库、浮式炼油厂、浮式飞机场和人工岛等的建设工程。

3. 深海工程

海底采矿由近岸浅海向较深的海域发展，现已能在水深1000多米的海域钻井采油，在水深6000多米的大洋进行钻探，在水深4000多米的洋底采集锰结核。海洋潜水技术发展得也很快，已能进行饱和潜水，载人潜水器下潜深度可达10000米以上，还出现了进行潜水作业的海洋机器人。这样一来，深海水域的深海工程均已远远超出海岸和近海工程的范围，所应用的基础科学和工程技术也超出了传统海岸工程学的范畴，从而形成了新型的海洋工程。

由于海洋环境变化复杂，海洋工程除考虑海水条件的腐蚀、海洋生物的附着等作用外，还必须能承受台风、海浪、潮汐、海流和冰凌等的强烈作用，在浅海区还要经受得了岸滩演变和泥沙运移等的影响。

三、海洋工程构筑

海洋工程的结构形式很多，常用的有重力式建筑物、透空式建筑物和浮式结构物。重力式建筑物适用于海岸带及近岸浅海水域，如海提、护岸、码头、防波堤、人工岛等，以土、石、混凝土等材料筑成斜坡式、直墙式或混成式的结构。透空式建筑物适用于软土地基的浅海，也可用于水深较大的水域，如高桩码头、岛式码头、浅海海上平台等。其中海上平台以钢材、钢筋混凝土等建成，可以是固定式的，也可以是活动式的。浮式结构物主要适用于水深较大的大陆架海域，如钻井船、浮船式平台、半潜式平台等，可以用作石油和天然气勘探开采平台、浮式贮油库和炼油厂、浮式电站、浮式飞机场、浮式海水淡化装置等。除上述三种结构形式外，近10多年来我国还在发展无人深潜水器，用于遥控海底采矿的生产系统。

目录
contents

第二章 滨海工程 / 26

第一章
港口与码头

港口是水陆联运的枢纽，也是交通运输系统中的重要环节之一。而外贸港口还是国家对外贸易的重要口岸，因此发展港口对振兴国家经济具有重要意义。经过改革开放40年的持续高速发展，中国港口面貌发生了巨大变化。

第一节　港口

一、港口布局

在全国建成了功能齐全、配套合理、层次分明、海河兼顾、内外开放的港口体系，自北向南依次是环渤海地区港口群、长江三角洲地区港口群、东南沿海地区港口群、珠江三角洲地区港口群和西南沿海地区港口群（图1-1）。

环渤海地区港口群主要由辽宁、津冀和山东沿海港口群组成，服务于中国北方沿海和内陆地区的经济社会发展。长江三角洲地区港口群依托上海国际航运中心，以上海、宁波、连云港港口为主，服务于长江三角洲以及长江沿线地区的经济社

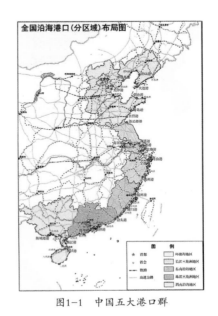

图1-1　中国五大港口群

会发展。东南沿海地区港口群以厦门、福州港为主，服务于福建省和江西省等内陆省份部分地区的经济社会发展和对台"三通"的需要。珠江三角洲地区港口群由粤东和珠江三角洲地区港口组成，依托香港经济、贸易、金融、信息和国际航运中心的优势，以广州、深圳、珠海、汕头港为主，服务于华南、西南部分地区的经济社会发展。西南沿海地区港口群由粤西、广西沿海和海南省的港口组成，以湛江、防城、海口港为主，服务于西部地区开发。沿海城市港口共计150多个（包括长江南京及以下港口），年货物吞吐量达100多亿吨（2014—2015年度统计）。

二、港口建设

从港口沿线海岸利用来看，由于港口需要特殊的水文条件和基础设施（岸线的水深，拟规划航道的水深，岸线的稳定性，海洋的潮流，风向，气象条件，陆域的地质构造，港址的交通条件，供电供水条件，辐射区的工农业发展状况和将来的货源情况预测等），因此最早港址的选择条件非常苛刻。

在沿海选择港址，必须研究海岸岸滩演变和河口河床演变的规律，及其对建港可能产生的影响。根据岩质、沙质、淤泥质的海岸和入海河口的不同特点，采取不同的工程设施。

（1）岩质海岸。大多岸线曲折、岸坡陡、水深大、泥沙少、地基好，易建成天然良港。但基岩可能较高，陆域开挖的石方量过大，会提高建港造价。

（2）沙质海岸。岸线较平直，岸坡较缓，常需建造防波堤形成人工掩蔽水域，减少泥沙淤积。

（3）淤泥质海岸。岸线平直，岸坡平坦，深水离岸很远，地基条件差，所需防波堤的工程量大，港口建成后回淤严重，在此选址必须慎重。

（4）河口内建港。掩蔽条件好，但常常遇到河口拦门沙，航道水深不足，影响航行，需要采取相应的工程设施才能改善。

三、港口分类

（一）按地理位置划分

可分为河港、海港和河口港。

（1）河港。指沿江、河、湖泊、水库分布的港口，如南京港、武汉港等。

（2）海港。指沿海岸线（包括岛屿海岸线）分布的港口，如大连港、青岛港、连云港等。

（3）河口港。指位于江、河入海处受潮汐影响的港口，如丹东港、营口港、福州港、广州港、上海港等。在我国，一般把河口港划入海港的范畴。

（二）按服务对象划分

可分为商港、工业港、渔港、军港和避风港等。

（1）商港。是指专门从事客货运业务的港口，所以也称为公共港。作为商港不但要有优良的自然条件，还必须具备工商业比较集中、商品经济比较发达、交通十分方便等条件，并具有从事水、陆、空联运的各种设施，如上海、香港、鹿特丹和汉堡等港口都是世界上著名的商港。

（2）工业港。是指为临近江、河、湖、海的大型工矿企业直接运输原料、燃料和产品的港口。

（3）渔港。是指专门从事渔业的港口。我国的渔港一般只用于渔船的停泊、装运物资等，而现代化的渔港应具备各种鱼类的加工设备。

（4）军港。是指为军事目的而修建的港口。

（5）避风港。是指专为船舶、木筏等在海洋、大潮、江河中航行、作业遇到突发性风暴时避风用的港口。

（三）按运输货物贸易方式划分

可分为对外开放港口和非对外开放港口等。

（四）按运输功能划分

可分为客运港、货运港、综合港等。

（五）按建筑形式划分

可分为开敞式港口和非开敞式港口两种。

（1）开敞式港口。是指对海浪基本没有掩护作用的港口。

（2）非开敞式港口。是指对海浪有掩护作用的港口。可以保持港内波稳条件和船舶的安全。主要考虑因素：防波堤、码头、修造船建筑物，陆上装卸、储存、运输设施和港池、进港航道及其水上导航设施等。

非开敞式港口会对滨水地区土地进行改造，并划出专门区域作为工业用地，但是它与城市景观营造并不存在矛盾。恰恰相反，规划良好的港口会促进城市景观的发展（图1-2）。

图1-2　汉堡港鸟瞰图

第二节　非开敞式港口的码头

码头，供船舶系靠，以便装卸货物、上下旅客，或者进行其他专业性作业，是港口工程中重要的水工建筑物。

一、码头功能及其分类

（一）按用途划分

可分为货运码头、客运码头、军运码头、渔业码头、工业码头等。货运码头按货种不同，又细分为有件杂货码头、散货码头、油码头、集装箱码头等；客运码头对水深和港内水域平稳的要求较高；军运码头要有良好的掩蔽和几个口门；渔业码头需要足够的水域和较好的天然掩护，港内水面较平稳，并尽量靠近渔场；工业码头须靠近大型工矿企业。

（二）按平面布置划分

可分为顺岸式码头、突堤式码头、墩式码头、浮式码头、栈桥式码头（图1-3）。由于船舶日趋大型化，先进的巨型油轮、矿石船等抗御风浪的能力强，所要求的泊稳条件较低，无掩护的深水码头得到很快的发展，如栈桥式码头、岛式码头及单点系泊等。栈桥式码头以狭长的栈桥与岸相连，栈桥上敷设油管或皮带式输送机，用以输送石油或矿石。岛式码头由独立的靠船墩、系缆墩和装卸平台组成。单点系泊是将船首缆系于浮筒或固定塔架上一点的船舶系泊方式。浮筒或固定塔架设置在离岸较远的深水海面上，通过海底输油管道装卸油轮。

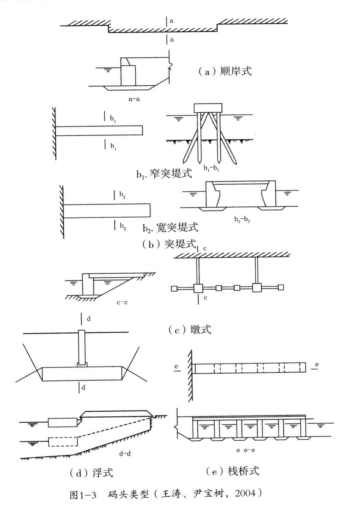

图1-3　码头类型（王涛、尹宝树，2004）

（三）按断面划分

可分为直立式码头、斜坡式码头、半斜坡式码头和半直立式码头（图1-4）。

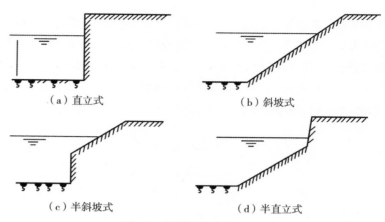

（a）直立式　　　　　　　　　（b）斜坡式

（c）半斜坡式　　　　　　　　（d）半直立式

图1-4　直立与斜坡码头

（四）按结构形式划分

可分为重力式码头、板桩式码头、高桩式码头和浮式码头等几种（图1-5）。

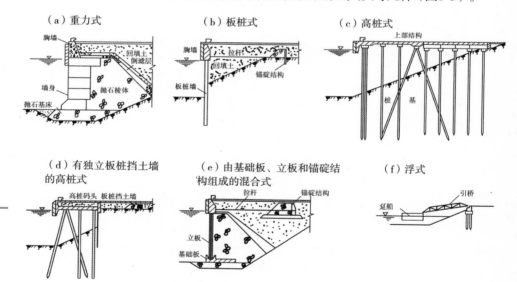

图1-5　码头结构形式（王涛、尹宝树，2004）

二、主要码头建筑形式介绍

（一）重力式码头

以码头本身重量来保持稳定的一种码头形式。主要由上部结构、墙身、基床及墙后回填等部分组成。按其墙身结构，有方块砌筑、混凝土整体浇筑、沉箱式和扶壁式等形式。重力式码头由于其结构的坚固，可承受很大地面的负载和船舶的负载，同时还拥有良好的抗冻和抗冰的性能，因此在我国沿海的港口中大多都是采用重力式码头，根据其组织结构进行设计和施工，其组织结构如图1-5（a）所示。对于重力式码头的结构建设一般有如下步骤。

1. 基槽开挖

首先进行的是基槽的开挖。注意在基槽的开挖之前就应该准备好泵站的建设，泵站应该设在基槽开挖处的边缘，一般设在挖基槽工作面上面3.5米处最佳，以方便把基槽内的积水排出，在整个港口的施工中水泵应该是一直运行的，时刻保证基槽内的水位低于基槽的开挖底面。在泵站设立好之后就应该进行围堰填筑及钢板桩打设，在港口的轮渡以及检修码头进行围堰的设立，围堰顶部的宽度在10米左右最佳，并在原地面进行土方回填，以便制造出一个施工的通道。在港口施工的围堰设置好之前，就应该在围堰的靠海的一侧进行钢板桩的打设。在以上工作都做好之后就可以进行基槽的开挖了，首先采用石渣等材料在基槽内铺设一个施工通道，然后用挖掘机进行土方的挖掘，在每段基槽挖掘结束后应该对基槽的标高以及位置进行及时测量，发现问题进行及时修正。

2. 抛石处理

基槽挖掘完成后要对基床进行抛石处理，在港口建设所需要的石头运到港口后，可以采用挖掘机和运送石料的卡车配合进行抛填，注意在基床抛石时，应该预留一些夯沉量，防止在夯实时由于基床抛石不均匀而造成基床不平整。关于重力式码头的一般参考数据见表1-1。

表 1-1　重力式码头参考数据

数据名称 / （千牛顿·米³）	标准值 / （千牛顿·米³）	标准值 / （千牛顿·米³）	变异系数
码头面均布荷载	–	0.78	0.14
块石重度（水上）	18.0	1.0	0
块石重度（水下）	11.0	1.0	0
中砂重度（水上）	18.0	1.07	0.03
中砂重度（水下）	9.5	1.01	0.03
混凝土重度（水上）	23.0	1.03	0.02
混凝土重度（水下）	13.0	1.06	0.02
钢筋混凝土重度（水上）	24.0	1.02	0.02
钢筋混凝土重度（水下）	14.0	1.04	0.02

在基床抛石后立刻对基床进行夯实处理，根据相关的设计规范，对基床的长宽比进行确定后进行夯实，在夯实完成后对基床进行整平和砼垫层的施工，对于基床砼垫层的施工应该根据基床的实际厚度以及预留的沉降量等来确定砼垫层的一些参数，一般很难夯实的余量设置为抛石厚度的15%左右。在砼垫层施工完成后就要对港口的码头的沉箱砼进行施工，由于不同码头对于沉箱砼的数量和施工的强度要求不一样，因此在施工时应该严格按照施工的计划，对于沉箱砼的质量一定要进行严格控制。在对砼的施工过程中，一定要注意对砼浇筑和养护，保证砼在施工后达到要求的强度。

但是在实际的施工过程中，还是容易出现一些细节的问题。首先就是一些具体环节的施工方案选择的问题，在讨论棱体抛石方案时，形成两种方案：一种方案主张五层方块一次安装到位，然后进行一次性棱体抛石到位；另一种方案主张方块安装和棱体抛石都分两次。通过实际施工发现，由于卸荷板的悬臂长2.5米左右，棱体被一次抛填到位就会形成一个三角形的空腔，通过计算可知空腔的面积一般在3.13平方米（2.5×2.5÷2），然后在码头投入到使用中后，由于上部荷载作用，棱体经常会下沉到空腔内，使倒滤层被破坏，而出现"漏沙"现象，而且码头一旦出现"漏沙"问题就很难修复。

3. 沉箱安放

沉箱的安放是重力式码头建设过程中一个非常重要的环节，因此对于沉箱的安放应该在施工过程中进行严格控制。首先在沉箱安放之前，对沉箱的规格、编号和质量进行严格检查，在沉箱安放时，严格地按照施工设计图纸进行，确保相邻的沉箱高度一致，高度差最好控制在2厘米之内，间隙在5厘米之内。其次在沉箱内进行填石时，注意所填石头的硬度和耐久度要达到设计的标准。通过实践我们知道，花岗岩在硬度、密度和耐久度上都要优于其他石头，应该优先考虑，而石灰岩、安山岩等也有较好的硬度和耐久度，如果施工地点没有花岗岩也可以考虑用其代替。在填石时要注意每个沉箱仓格的进度，防止由于填石的压力而造成沉箱隔墙的损坏。

4. 后方棱体回填

在码头施工工期宽松的前提下，应该在沉箱安置稳定后再做后方棱体的回填工作，后方棱体的主要作用就是减少一些对码头的压力。为了防止后方棱体后面的泥沙等被潮水带走，应该考虑在棱体的外面布置一层倒滤层，倒滤层由二片石和级配碎石或级配砂石组成，二片石的厚度不小于0.4米，级配碎石的厚度不小于0.3米。

5. 胸墙以及上部结构

重力式码头的上部结构主要有电缆沟、排水沟、胸墙、轨道梁、系船柱等，要根据沉箱的沉降量确定胸墙预留沉降量和后倾量，一般高度和后倾预留5厘米的沉降量。由于重力式码头的上部结构是码头日常运行的保证也是重力式码头的外观，因此在施工过程中不仅要注重胸墙以及上部结构的质量，还应该注意外在的美观。

（二）板桩码头

由板桩、帽梁、导梁、锚杆和锚碇结构物等构筑而成，依靠板桩入土部分的土压力和上部锚碇结构的拉力维持其整体稳定性。通常采用钢筋混凝土板桩或钢板桩，结构简单，施工速度较快，除特别坚硬和过软的地基外，一般地基都能适应。

（三）高桩码头

由基桩和桩台组成，通过桩台将作用于码头上的荷载分配给下部基桩并传到地基中去，以维持码头的稳定。一般来说，高桩码头预制装配的程度高，结构自重轻，适用于较软的地基。

第三节　非开敞式港口的防波堤

在建造港口的同时，通常要在外面建造防波堤，掩护港内水域，维持港内水域平稳。

一、斜坡式防波堤

斜坡式防波堤主要采用天然块石、混凝土方块或各种异形块体堆砌而成。最早使用的是不分级的抛石堤，这种防波堤堤身密实，波浪和泥沙不易通过，沉降也比较均匀。但是，当波浪较大时，石块容易被波浪卷走，特别是在台风过后，石堤破坏严重，不得不重新修理，养护费用高。

为了减少这些损失，通常可采用分级抛石：将较小石块堆在堤心和堤的下部，大块石料放在堤面和堤顶。施工水位以上，还可以用块石和条石干砌，增加牢固度。当前一些中小型港口多用此结构（图1-6）。

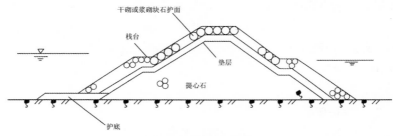

图1-6　斜坡式防波堤

二、直立式防波堤

直立式防波堤主要有重力式和桩式两种。重力式直立式防波堤是靠本身的重量来维持建筑物的稳定性。它同样是由基床、墙身和上部结构构成。墙身通常是钢筋混凝土沉箱式或普通混凝土方块式，根据地域波浪特点，块体大小可以不同（图1-7）。为了减少波浪作用力，在块体和沉箱中开消浪孔，以减少波浪的冲击力。

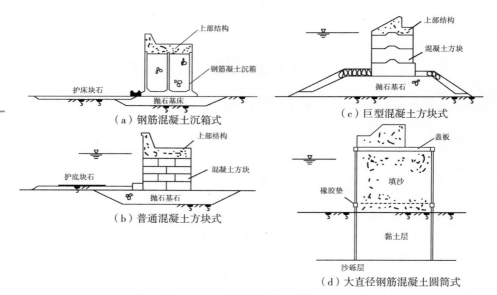

（a）钢筋混凝土沉箱式

（b）普通混凝土方块式

（c）巨型混凝土方块式

（d）大直径钢筋混凝土圆筒式

图1-7　重力式直立式防波堤（王涛、尹宝树，2004）

桩式直立式防波堤，适用于地基较软的水域。最简单的是悬臂式单排管桩直立堤（图1-8），此外还有带挡浪板高桩承台直立堤（图1-9）、双排桩直立堤和钢板格形直立堤等。

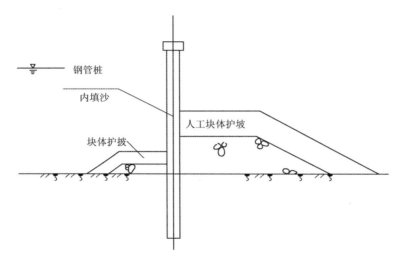

图1-8 悬臂式单排管桩直立堤

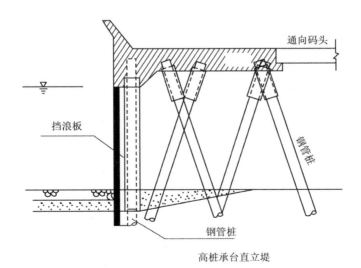

高桩承台直立堤

图1-9 高桩承台直立堤

第四节　开敞式码头——栈桥

一、栈桥式码头的发展

船舶日趋专业化和大型化，对港口水深要求越来越大，需达到20～30米甚至更大。如近岸建港，则需挖除很深的地基覆盖层或水下炸大量岩石，不经济甚至不可能。因此，在深水中建港，是运输业总体发展趋势。加之大型船舶抗风浪能力强，高效率专业化装卸机械，对船舶泊稳条件要求低，给不建防波堤的深水码头建设创造了可能的条件。这种无防波堤或无天然屏障掩护的码头称为开敞式码头。

目前世界上已建成的开敞式码头可归纳为固定式和浮动式两大类。栈桥开敞式码头具有如下特点。

（一）码头前沿要高于基准洪水位

码头前沿水深、波浪大，要求码头面高程高，至少百年一遇的基准洪水位不能淹没码头顶面，满足上部结构受力小不被摧毁的设计。引起基准洪水位变化的因素有以下几个。

1. 潮汐变化

潮汐变化主要是由天体引潮力引起的。由于天体在人类时间尺度上的稳定，一般认为潮汐在一个确定的海域是确定的、不变的。

2. 风暴潮增水

风暴潮增水是由于各种风暴引起的局地海面的异常变化。这种风暴可以是寒潮大风，也可以是温带气旋风暴和热带气旋风暴，它们都会产生局地海域的异常增水。

我国所处的西北太平洋是热带风暴和台风的主要发生地，台风生成的频率较高，占全球台风总数的36%。而我国沿海地区的地势较低，尤其是大江、大河的河口三角洲区域受风暴潮的威胁非常大。据统计，西北太平洋上的台风，34%在我国沿海登陆，其中37%会产生风暴潮。可以说，我国所有沿海地区均是风暴潮的受灾区。据历史资料统计，我国自公元前48年至1946年近两千年间，共发生重大风暴潮灾害576起。

3. 地震海啸增水

强海底地震有时可以引发海啸。地震海啸是海底发生地震时，海底地形急剧升降变动引起的海水强烈扰动。引起海水扰动的压力波在深水大洋中的传播非常迅速（约200米/秒），当海啸波到达浅水区时，由于海水深度的迅速减小，传播速度减小，而海啸高度则迅速增加，有时形成数十米的巨浪，并形成超强流速及大面积淹没，洗劫沿海岸带地区。

4. 假潮

假潮是一种发生在封闭或半封闭海湾中的自由振动。表现为：叠加在潮汐曲线上非潮汐起因的小周期振动，其振动周期取决于海湾的形状、深度和驻波的波节数。假潮的波长与海湾的空间尺度同一数量级。假潮产生的主要驱动力是风、气压场的突变，潮汐运动也可能诱发假潮。对于长方形等深海湾，假潮周期可用梅立恩公式计算；对于形状复杂的海湾，只能近似估计。

5. 海平面异常上升

全球温度不断升高，导致全球结冰与融冰的量发生变化，两极和陆地冰川融化的速度不断加快，大量融冰水进入海洋，不断加快海平面上升的速度。同时，温度的升高也将使海水的密度缩小、体积变大，加剧海平面上升的速度。

WMO（世界气象组织）和UNEP（联合国环境规划署）所属的联合国政府间气候变化专门委员会（IPCC）认为，2099年，海平面会上升59厘米。国外研究认为：20世纪海平面升高的速度是（1.8±0.35）毫米/年。而1950年前的速度是1毫米/年。从1950年到2000年，海平面升高的速度是（1.7±0.4）毫米/年，另一个估计是（1.8±0.3）毫米/年。

6. 波浪

波浪是海洋中的波动现象，包括由海表面风应力产生的空间小尺度、高频周期性运动（风浪），失去了风力作用的高频的、小尺度周期性波动（涌浪）。

风浪在空间尺度上和时间尺度上都是小尺度的，对滨海洪水事件的影响也是小尺度的，因此有人把不包括波浪在内的设计基准洪水位称为"静水位"，把包括波浪在内的设计基准洪水位称为"动水位"。

（二）大拉力系缆结构

船舶在波浪作用下对码头的撞击力是主要的水平荷载，需配备大拉力的系缆结构和吸能好的大型护舷。

在国内一些大型港区内大型栈桥运输距离可以达数千米，输送量每秒可以高达数千吨。栈桥对于码头运输、水运工程的社会工业价值是不言而喻的。

随着运输载重额的增加和建设标准的提高，水运工程中的栈桥类型经历了简易的砌体结构栈桥、钢筋混凝土结构栈桥和钢结构栈桥等几个过程，栈桥建设标准越来越高。

砌体结构栈桥适用于在栈桥面距地面不高、跨度不大、栈桥面载重荷载不大的情况下实施；钢筋混凝土结构栈桥的跨度有所增加，最大可以达到15米左右，如果是采用预应力钢筋混凝土结构的栈桥跨度可以达到30米。而采用钢结构栈桥可以选择钢桁架、空间网架等结构形式，国内有超过60米跨度的钢结构栈桥设计先例。

二、栈桥式码头的设计方法

（一）栈桥的结构选型

栈桥从概念设计开始，应该根据装卸工艺方案结合拟建场地的具体情况，综合不同结构形式的优缺点，确定栈桥的结构形式并设计大体走向、平面位置布置及坡度。如果跨度、坡度及载重均不大，可考虑采用砌体结构或普通钢筋混凝土结构栈桥；如遇到特殊地形，跨度较大，优先考虑预应力钢筋混凝土结构或钢结构栈桥；如果跨度大、栈桥长，那最好采用钢结构栈桥。

采用钢结构栈桥时，选择钢桁架栈桥具有可实现跨度较大、自重轻、抗震性能良好、施工快捷同时造型美观等优点，这种结构在国内外的水运工程中被大量使用。

日照港一期煤码头工程建设了278米引堤，1144米钢栈桥。钢栈桥上预留了发展的运输皮带机廊道（图1-10）。一期煤码头工程的转头水域及航道已

图1-10　日照港

浚深至–15米。

（二）钢桁架栈桥的结构特点

采用焊接H型钢、工字钢、角钢等构件组合，自重轻便、安装便捷、定位准确。栈桥面通常采用压型钢板作为底模，浇注混凝土后形成栈桥面。施工方便、技术成熟，同时节省了建筑模板和施工工作量。钢桁架栈桥承重较大，杆件形成空间体系，传力明确，整体性好，有利于结构抗震。栈桥支座采用钢桁架梁—混凝土框架柱的两端支承结构形式，技术成熟，安全适用，国内积累了很多设计和施工经验，在使用中也有比较良好的经济性。

三、海底冲刷

海南洋浦的LNG栈桥式码头位于西太阳沙人工岛东北侧，与人工岛之间通过栈桥相连，栈桥全长1970米，从近岸一直延伸至–15.4米水深（图1–11）。

根据LNG码头运输需要，栈桥沿程共布置有10个补偿器墩和9个固定墩。补偿器墩的间距为196.8米，每2个补偿器墩之间布置1个固定墩。栈桥墩结构为墩台式，采用钢管桩及现浇钢筋混凝土墩台结构。补偿器墩平台平面尺寸为37.5米×24米，平台下方倾斜布置有4排共24根管径为1.2米的钢管桩，相邻排管桩间隔7米，采用斜桩式布置。固定墩平面尺寸为14.5米×8米，每个固定墩布置有8根钢管桩（图1–12）。

局部冲刷是桩基周边床面发生冲蚀的普遍现象。研究认为，水流中桥墩建筑所

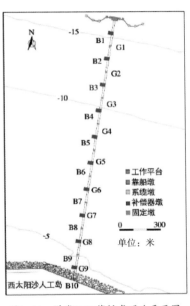

图1–11　洋浦LNG栈桥式码头平面图

引起的墩前向下水流冲击、墩柱两侧马蹄形漩涡和过水断面束窄引起的流线压缩是桥墩周边局部冲刷的主要因素。对于受波浪和潮流共同作用的桩基，也有研究表明，当水流较强时，波流共同作用产生的局部冲刷与单纯水流作用的相当，在水流较弱而波浪较强时则波浪作用有一定的影响（图1–13）。

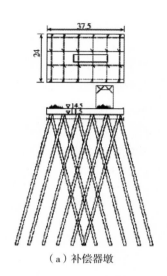

（a）补偿器墩　　　　　　（b）固定墩

图1-12　洋浦LNG栈桥式码头补偿器墩和固定墩
（海南海业发展公司，2005）

图1-13　栈桥局部冲淤
（海南海业发展公司，2005）

第五节　浮动式码头工程

在海洋石油开发中，初期储油、输油都用固定式结构。后来随着实践经验增多，发现只用一种形式不是费用太大，就是方案根本不可行。于是人们提出一种浮式结构，可以较容易解决储油、输油的问题。

一、单点系泊

浮动式码头大体可分为单点系泊和多点系泊两种方式，其重要部件有浮筒、锚链和锚。

（一）单点系泊方式

这种浮动式码头只设一个浮筒，供船舶的系泊和装卸（图1-14）。单点系泊方式的优点是海底管线可延伸到所需水深处而不增加太多的费用，在风、浪、流多种因素的作用下船舶可自由旋转到受力最小的位置，因而使系泊力减少，投资少，装卸工艺也简单。其缺点是生产效率低，易发生故障，维修费用高，要求水域面积大。

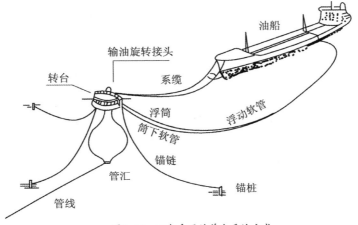

图1-14　日本采用的单点系泊方式

（二）多点系泊方式

多点系泊方式一般用4～8个浮筒的锚系点，系泊货轮，其特点是系泊设施和装卸设施分开，而不像单点系泊那样两种设施配置在同一个浮筒上，我国青岛港黄岛一期临时油码头是采用一只旧船代替装卸浮筒，此旧船连接四个普通浮筒，由尼龙缆和锚链固定。与单点系泊比较，多点系泊的优点是抗风浪的能力大，要求水域面积小。缺点是系缆占用时间多、营运费高、投资大，适应多变风浪的性能差（图1-15）。

多点系泊方式码头宜用于货运量不太大、可利用的水域小、天然掩护较好的地区。

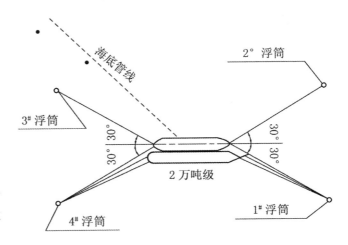

图1-15　青岛港采用的多点系泊方式

二、单点系泊的应用

在广东西南部的水东港海域，有一座闻名遐迩的"海上浮动码头"——茂名单点系泊原油接卸系统。

在一望无际的海面上，只见6根拴着锚链的管桩将重200余吨的单点浮筒牢牢固定在海上，满载进口原油的25万吨级超级油轮系泊在浮筒一侧，通过海上漂浮软管，将原油输往单点浮筒，再经过15公里的海底管线输送到岸上油库。通过该系统接卸原油，仅用3天就可将一艘30万吨级油轮装载的原油输送完毕（图1-16）。

图1-16 茂名单点系泊原油码头

据茂名石化港口公司负责人黄海荣介绍，从1994年底投产至今，茂名单点已安全接泊500余艘20万吨级以上的超级油轮，接卸30余种超过1.2亿吨的进口原油，占我国同期进口原油总量的12%。

多年以来，海上原油输送均采用固定式码头接卸。单点系泊的出现，使海上原油输送领域迎来了全新的变革。单点系泊接卸技术是国际上为了适应采用超级油轮远距离运输原油的需要而发展起来的先进技术，与传统的固定式码头接卸相比，具有原油接卸能力强、投资少、建设工期短等优点。尤其在不具备兴建超大型深水码头条件的地区和海域，单点系泊技术更具优势。

与固定码头相比，单点系泊的最大特点是"点"式系泊，即大型油轮或超大型油轮可以系于近海海面上的一个深水"点"，随后进行装卸作业。单点浮筒是整个单点系泊系统的关键，该设备为全焊接钢结构，由6根粗大的锚链固定在6根锚桩上，可系泊25万吨级以上的超级油轮。

单点浮筒下部有两条水下软管，通过海底管汇与海底的管线接通，形成从油轮至单点浮筒再到岸上油库的海上原油输送封闭系统。

1958年，由美国SBM-IMODCO公司设计建造的世界第一套单点系泊系统在瑞典成功投产，拉开了单点系泊技术在海洋石油开采和海上原油中转等领域应用的序幕。50多年来，随着近海石油勘探开发和海上运输业的发展，单点系泊技术发展极其迅速。目前，这种技术已被美国、沙特阿拉伯等产油大国及其他地区采用，在全世界建有400多座海上单点系泊系统。

单点系泊的出现作为一种技术革命，其优势主要体现在以下三个方面：

首先，单点系泊的最大优势是将码头由岸边移至海上，消除了世界上绝大部分港口航道较窄、较浅，规模较小，不能与大型油轮和超大型油轮发展相匹配的矛盾。

其次，单点系泊具有漂浮式和旋转式的特征，可以在7级大风或有效浪高达3.5米的情况下进行原油接卸，而且可以不受限制地360度自由转动，受气候影响较小；而一般的靠岸式码头、岛式码头、栈桥式码头仅能在风浪为2米以下的情况下进行接卸。

最后，节约投资和运费。以茂名30万吨级单点系泊系统为例，其全部建设投资为2亿～3亿元。而在国内建设同样等级的固定码头则需要10亿元以上，其费用为建设单点系泊系统的3～4倍。同时，与使用固定码头接卸 5万吨级以下的油轮相比，每吨原油的接卸费用可减少30%～40%，以年接卸原油 1000万吨计算，全年可节约运费1亿元以上。

茂名单点系泊系统在10余年的运行中不断总结经验，推进技术创新，实现技术和设备的更新换代。由于最初使用的第一代滚筒轨道式浮筒不能满足原油进口量大幅增长的要求，茂名单点系泊系统于1997年更换了第二代转盘式浮筒，经过近8年的运行后，近期又成功更换为第三代标准浮筒。第三代标准浮筒具有抗风浪能力强、安全系数高、使用周期长的特点，且接卸能力由25万吨级提升至30万吨级。茂名单点系泊系统与已经投用的3万吨级、3000吨级成品油码头，3000吨级化工码头，2万吨级杂货码头，共同组成了吞吐自如、进出顺畅的茂名港口群，从而架起了茂名石化走向世界的桥梁，为茂名石化炼油化工能力的发展提供了强大的物流支撑。单点系泊系统的投用，使茂名石化一举消除了原油进口运输的"瓶颈"，炼油潜能如泉喷涌释放，原油年加工量从投产时的600万吨大步跨越了800万吨、1000万吨、1300万吨三个台阶，2011年超过1400万吨，充分发挥了中国石化南方原油储备基地的规模优势和技术优势。

来自港口、航运界的专家考察茂名单点系泊系统后指出，发展炼油化工必须消除物流"瓶颈"，形成原料进入与产品输出的强大物流网络。尽管我国海岸线很长，但真正能建20万吨级以上原油码头的区域并不多，茂名单点系泊系统的成功运行说明进一步开发利用海洋物流资源势在必行，单点系泊技术在我国有很大的发展空间。

三、浮动式游艇码头

浮动式游艇码头主要由堤岸、固定斜坡、钢结构活动梯、主通道浮码头、支通道浮码头、定位桩、供水系统、供电系统、船舶、上下水斜道、吊升装置等组成（图1-17）。

图1-17　浮动式游艇码头

（1）堤岸：以钢筋混凝土浇筑、砌石或其他结构方式施工筑成，活动梯连接处预埋钢结构铰链装置。

（2）钢结构活动梯：主要结构采用热轧槽钢，扶手用方钢管或圆钢管链接，加受载力，梯面铺设防腐模板。活动梯与堤岸采用铰链连接，活动梯与浮码头采用活动滑轮接触，滑轮受力区铺设钢板，加强浮码头钢结构骨架，增加受力面积。

（3）主（支）通道浮码头：主要由三部分组成，即浮箱（浮力部分）、受力钢结构（链接和受载主体）、走道（木骨架和木地板）。

（4）定位桩：主要有预制混凝土管桩、钢桩、灌注桩、木桩等。

（5）供水、供电系统：供水用PP塑料管软性连接，供电采用船用电缆、专用防水插头。

四、浮动式游艇码头类别

（一）钢结构游艇码头

钢结构游艇码头是目前最流行的码头，钢结构游艇码头主要有三种类型：①塑料浮箱+热镀锌钢结构+防腐松木面板+引桥+其他部件；②塑料浮箱+热镀锌钢结构+塑木面板+引桥+其他部件；③塑料浮箱+热镀锌钢结构+硬木面板+引桥+其他部件。

（二）薄壁混凝土游艇码头

薄壁混凝土游艇码头采用内填充聚苯乙烯泡沫的混凝土浮箱，外覆盖钢筋混凝土，模具成形表面平滑，吸水率少于5%每立方米，具有浮力大、稳定性好、抗波性好、使用寿命长（50年以上）、免维护、经久耐用等特点。

（三）铝合金游艇码头

在经历了塑料、混凝土、钢结构游艇码头的时代后，铝合金游艇码头无疑是下一个时代的主流。相对于传统的游艇码头，铝合金游艇码头的优势是毋庸置疑的。卓越的防腐蚀能力、便捷的运输和安装方式、超强的承受能力，这些特性使它几乎是一次安装永久使用。即使浮箱和面板年久老化，但只要更换部分部件，铝合金码头就又会焕然一新。

（四）趸船游艇码头

趸船就是矩形平底船。由于自身并无动力装置，所以并非是真正意义上的航船。它通常被固定在岸边，或抛锚江心，作水上浮仓或供船只泊靠的浮码头。目前国内开发的趸船游艇码头有混凝土结构和钢结构两种，大小尺寸和样式可以根据客户的需要量身定做。它能够适应各种不同的复杂水域，灵活安装，移动方便，可配备新型太阳能照明装置和消防系统。既可临时停泊又可永久使用，是漂泊船只永远的港湾。

（五）组合式游艇码头

组合式游艇码头具有让游艇停泊、清洗、维修和游人上下船等功能。以往人们概念中的游艇码头多为钢筋水泥结构，但因为水位经常变化，此种结构的游艇码头往往不能满足要求。浮动式码头可以适应不同的水位，始终与水面保持固定的距离，受到越来越多使用者的青睐。设计人员会参考船型、水深、潮汐、水流情况和风浪大小等影响因素，设计出最理想的浮动式游艇码头，码头表面有防滑设计，并且可以根据需要铺设木板，在保证质量和安全的同时，设计出最经济的建筑码头方式。不过，组合式模块即浮筒所能建造的只是中小型游艇码头，大型的如货轮码头之类的需要其他具有更高承载力的材料来建。

浮筒组合式游艇码头的主体是浮筒。浮筒对于中小型游艇码头来说，浮力以及承载力都已足够，因为就算单层浮筒游艇码头不能满足还可以加为双层浮筒的游艇码头，两侧用铁框固定住，大大增加了游艇码头的浮力，保证了稳定性和安全性。利用浮筒为主体的浮动式码头可以根据船体的尺寸，设计不同的码头。游艇码头可以根据需要铺设木板，这会在一定程度上延长码头的使用寿命。

海南发展水上旅游产业有着得天独厚的自然条件，且区位优势明显，对国内外的旅游度假爱好者极具吸引力，被公认为是中国最适合发展邮轮、游船、游艇经济的地区。目前，海南省已建游艇泊位831个，在建的游艇泊位1075个，出入境游艇超过100艘次，邮轮游艇业已成为国际旅游岛建设新亮点。其中，邮轮、游艇产业被列为海南重点发展产业，游艇码头的发展水平、规模已处于全国领先水平。

第六节　港口的未来

一、发展潜力

港口作为传统的海岸工程设施，在下一个世纪仍有很大的发展潜力。我国沿海除已有的130多个海港外，可供选择的新港址还有160多处。为适应国际贸易需求，运输船舶向大型化发展的趋势，港口的规模将越来越大，对航道水深的要求也越来越高。而在有限的自身掩护的天然深水港址开发殆尽之后，港口建设逐步进入水深浪大、环境条件恶劣的海域。传统的港口工程结构因其造价高昂、技术复杂、施工困难等因素，远不能满足深水港口建设的要求。填海造地是利用海岸带空间的一种简单方式，近年来随着我国沿海地区经济的发展，填海工程与建造人工海岸的规模不断扩大。但因不合理的围海、筑坝、河口建闸以及大面积挖沙采石、乱挖珊瑚礁、滥伐红树林等现象，严重破坏了我国的海洋自然景观和生态环境，造成了大范围的海岸侵蚀或淤积，损害了海洋生态系统，影响了江河的泄洪能力和港航功能。随着海岸环境保护、观光旅游、水产养殖等综合需要，21世纪人们关于海岸与港口开发的观念将发生重大的转变。

（1）综合考虑对海底地质、海岸侵蚀、泥沙运动、生态环境变化与海洋污染等影响，以利于海岸带的可持续开发。

（2）综合规划填海造地工程，将交通、工业区、港口和沿港湾海岸风景区的开发有机结合起来。

（3）为适合水深浪大、软弱地基、造价低廉的需求，港口工程结构形式将向透空式结构、消波式结构及多功能型结构方向发展。

（4）为达到保护海岸和不破坏生态系统且具有观赏性的目的，与生态系统相协调的人工礁及缓坡护岸等结构，将取代传统的护岸、海堤等结构形式。

其中物流业的发展将带动港口经济圈的进一步形成和发展，临港经济圈将有望形成重要区域经济群。

二、港口作用

（一）世界贸易全球化带动港口和航运的快速发展

世界港口的发展变化与世界海运贸易的发展情况息息相关。20世纪90年代后，随着国际政治格局的改变，经济全球化的进程得以逐步推进，国际贸易发展迅速，在国际贸易的货物运输体系中，海洋运输占了绝大部分。若干国际研究机构的统计分析表明，在海洋运输的货物中，煤、铁、石油等资源的运输是重要部分。在1985—2007年世界海运贸易货物统计中，资源货物始终占据运输总量的一半以上。

在全球一体化的市场竞争中，各公司都在追求运输的高效化和低成本化。这给海运贸易带来了新变化，如海运资源向大型物流公司集中、远洋运输船舶大型化和超大型化。若干国际物流公司在世界港口使用量中所占的份额逐年增加。为在激烈的市场竞争中求生存，大型航运公司更有联盟一体经营的优势，这更强化了航运资源向少数集团的集中。

（二）港口在国际物流体系中的地位发生变化

现代港口发展呈现出以下趋势：大型化趋势；深水化趋势；生产管理的高效、高科技化趋势；信息化、网络化趋势；向物流服务中心转化的趋势；普遍重视生态系统修复与保护的趋势。

21世纪港口已成为全球资源配置的枢纽，在生产方式上打破了物流服务和中转等较为简单的方式，呈现出组织自治化、生产自动化、经营集约化、管理现代化、信息产业化、建设管理生态化等趋势，且随着国际贸易物流体系的日益完善，港口群体、城市社区分运网带和综合流通网链一体化趋势越来越明显，港口已成为国际整体物流体系中的一个转运环节。

（三）港口群成为重要的区域经济发展的推动力

所谓港口群，是指由若干个功能或部分功能可相互替代、相互依存、相互补充的个体港口系统组成的港口群体大系统。当两个或几个港口存在共同的腹地时，就形成了一个港口群系统。大区域内港口的协作与整合是未来的必然趋势。在世界港口发展的大背景中，地区港口集群联合形成的航运枢纽正在发挥日益重要的作用。为促进各港口间的协作联合，欧洲成立了欧洲海港组织。通过欧洲海港组织对欧洲港口情况的研究报告，总结出欧洲港口群具有如下特点：

（1）港口群有其稳定的集输运中心地区。

（2）港口间的协作联运程度高。

（3）物流链是欧洲港口竞争的关联焦点。

（4）欧洲港口日益面对强大的港口使用者。

当前，我国港口数量和泊位数量居世界前列，已形成长江三角洲、珠江三角洲、环渤海、东南沿海、西南沿海五大区域港口群。我国港口吞吐量和集装箱吞吐量已经连续数年保持世界第一，拥有超过20个亿吨大港。现在我国港口货物吞吐量超过130亿吨大关。

（四）做好港口物流文章

港口物流是指中心港口城市利用其自身的口岸优势，以先进的软硬件环境为依托，强化其对港口周边物流活动的辐射能力，突出港口集货、存货、配货特长，以临港产业为基础，以信息技术为支撑，以优化港口资源整合为目标，发展具有涵盖物流产业链所有环节特点的港口综合服务体系。港口物流是特殊形态下的综合物流体系，是作为物流过程中的一个无可替代的重要节点，完成整个供应链物流系统中基本的物流服务和衍生的增值服务。

港口的迅速发展，需要具备良好的港口物流服务做支撑。据了解，目前上海港已经在探讨拓展高端物流领域的可能，比如介入冷链物流业务，可以考虑与货主等合资合作的形式。通过丰富港口物流内容增加港口产业的影响力，从而实现港口贸易乃至区域贸易的快速增长。

港口的发展和所在城市的发展是相互促进的，世界海港城市无一不是依托港口的优势发展成为世界工业、商业和贸易中心。港口物流的发展，将借助港区联动，充分利用城市的金融、产业、科技、信息和人才优势，依托港口原有区位，扩大临港工业规模，产生产业聚集效应。

同时，现代港口既是货物海陆联运的集散地，又是国际商品的储存、集散的中心，也是贸易、工业发展的集散地，是国际货物运输链和世界经济贸易发展的重要组成部分。而港口物流的发展是全球物流发展的基本要求。目前，在国际贸易中，90%以上的货物运输是通过海运实现的。港口作为国际物流供应链的主要节点，能否提供快速、可靠、灵活的综合物流服务，将成为决定其腹地经济乃至一个国家经济发展的关键要素。

港口物流产业的发展本身将增加较多的工作岗位，而且其对相关产业的带动也将提供更多的就业机会，有利于创造和谐社会，促进地区经济贸易的发展和所在城市的繁荣。许多发达国家已把港口作为发展物流的突破口，通过港口物流的发展带动临港产业，繁荣当地经济，辐射周边，促进贸易，实现城市、港口发展的良性循环。香港仍是世界上最繁忙的物流中心之一（图1-18），而且保持了非常高的运作效率。再加上香港完备的金融、保险等配套服务和与国际接轨的法律系统，确保了香港航运物流业的优势。

图1-18　香港繁忙的港口

（五）发展全程服务

现代港口要求"门到门"的全程服务，要求构筑与港口物流业相配套的现代综合运输网络与腹地市场体系，进一步促进城市交通与物流设施建设。另外，海港物流的发展可以与港口城市的建设互动，依托于海港的港口物流发展将带动港口所在城市的仓储业、配送业、陆上运输业、包装流通加工业、船舶修造业、信息服务业、商贸业、金融保险业、房地产业、旅游业、宾馆餐饮业的发展。

第二章
滨海工程

迎着时代节拍诞生，你傲然而起，势如长城是战士们的血汗垒砌。大堤外是失败者的沮丧，大堤内是胜利者的辉煌。

——防潮大堤之歌

滨海工程，是指在海岸带进行的各项建设工程，即以海岸陆基作为依托，同时又需要海水作为重要介质的海洋工程。滨海工程主要包括：海岸防护、围海造陆、海港建设、河口治理、海上疏浚、海水能量的提取、核电工程、火电工程、风电工程等。港工建筑虽亦属滨海工程，但为了方便，我们将专门用一章来叙述。

第一节　防潮大堤

一、防潮大堤的作用

中国海主要属于陆架浅海，受风暴潮影响极为严重。

风暴潮是指在强烈天气系统（热带气旋、温带气旋、强冷空气等）作用下所引起的海面异常升高的现象。如遇上天文潮的高潮阶段，可导致潮位暴涨，严重危及沿海地区的生命和财产安全。

形成严重风暴潮的条件有三个：一是强烈而持久的向岸大风；二是有利的岸带地形，如喇叭口状港湾和平缓的海滩；三是天文大潮的配合。例如

"0303"特大温带风暴潮就是典型的一个例子：2007年3月3日至5日凌晨，受北方强冷空气和黄海气旋的共同影响，渤海湾、莱州湾发生了一次强温带风暴潮过程，导致辽宁省、河北省、山东省海洋灾害直接经济损失40.65亿元。沿海增水超过100厘米的有4个验潮站，最大风暴增水发生在莱州湾羊角沟验潮站，为202厘米；羊角沟、龙口和烟台验潮站超过当地警戒潮位，其中烟台验潮站超过当地警戒潮位49厘米。辽宁省大连市海洋灾害直接经济损失18.60亿元，损毁船只3128艘。图2-1显示了这次风暴潮过后烟台市区滨海公园和国际会展中心的灾害情况。

图2-1　山东烟台市区滨海公园和国际会展中心现场灾害情况

为了防止大潮、高潮和风暴潮的泛滥以及风浪的侵袭所造成的土地淹没，在沿岸地面上修筑的一种专门用来挡水的建筑物，古时称为海塘，或称"海堤""大堤""大坝"等，现代则称为防潮堤。说起来，历史堪称久远。秦始皇三十七年（公元前210年），设钱唐县，治所在今杭州灵隐山脚。"唐，堤也。"古代唐塘通用。以钱唐作县名，可能当时已有海塘。传说也认为，秦朝为征服涌潮，在钱塘江边修建海塘。《水经注·浙江水》转引《钱塘记》中的这样一段传说，大意是：钱唐县东一里左右，有一条"防海大塘"，名叫钱塘。钱塘名称的由来与曹华信用钱诱人筑塘有关，有关苏北的海堤记载，最早见于6世纪中叶。当时有一位名叫杜弼的北齐官吏，在任职海州（治所在今江苏连云港市西南）时，"于州东带海而起长堰，外遏咸潮，内引淡水"。

二、防潮堤建筑

世界各国的堤防以土堤最多，就地取材修筑，结构简单，多为梯形断面。为加固土堤，常在堤的临海一侧修筑戗台，以节约土方。为加强土堤的抗冲性能，也常在土堤临海坡砌石或用其他材料护坡。石堤以块石砌筑，堤的断面较土堤更小。在大城市及重要工厂周围修堤，为减少占地有时采用浆砌块石堤或钢筋混凝土堤，称为防洪墙，堤身断面小、占地少，但造价高。强潮区的海堤，其地基处理是筑堤成败的关键，护坡常采用抗冲能力强的土工结构。

现代防潮大堤的建筑物结构可分为斜坡式、陡墙式、透空式和浮式四种。无论哪一种结构，都需要先经过室内的模拟试验、数学模型和现场测验等手段进行研究论证。根据水文分析与计算，确定设计洪水；根据风浪要素、沉陷和工程等级，确定堤顶超高；根据社会经济能力和技术水平，经过多方案的技术经济比较，选定最佳的堤距与堤高。

斜坡式防潮大堤

斜坡式防潮大堤，是针对自然条件恶劣而选用的一种结构。其主要作用是在风暴潮多发地区，对原有岸坡采取砌筑加固的措施，用以防止波浪、水流的侵袭、淘刷和在土压力、地下水渗透压力作用下造成的岸坡崩坍。在淤泥质或沙质海滩的泥沙被波浪掀起、悬浮并随水流输移，致使滩面发生剥蚀，海堤、护岸的坡脚逐渐受淘刷，甚至引起海堤或护岸坍塌。一般的保滩工程除能保护滩涂外，还间接地有护堤、护岸的功能，并有促使泥沙在滩面落淤的作用。

东营防潮大堤建于潮间带和泛洪区，自然条件恶劣，海堤所处的滩地表层土壤为黄河的冲积层。由于现场缺少砂、石料，堤身材料采用就地取土填筑而成，海堤护坡采用了蘑菇石、抛石、砌石等多种结构形式。海堤气势恢宏，如长龙卧波，镇海锁浪。堤内芳草萋萋，钻塔林立。孤东海堤，浓缩了黄河三角洲最具吸引力的特色，是游人领略"新、奇、野、美"，感受"沧海桑田"的绝佳去处（图2-2）。

图2-2 东营防潮大堤

陡墙式海堤

一种传统型式的海堤。要求墙体在波浪作用下保持稳定。外侧采用块石砌筑成陡墙或直墙，墙后堆填砂或沙土，陡墙也可用混凝土方块砌筑，或用沉箱建造。陡墙后填土的内坡一般与斜坡堤的内坡相同。陡墙堤占地面积较小，工程量小，但地基应力比较集中，堤身沉陷量大，因而要求有较坚实的地基。另外，陡墙堤受到的波压力也较大。福建前江海堤采取的是直墙式的建设方式，这样的老海堤很难抵挡巨浪冲击。2009年"莫拉克"台风带来了狂风巨浪，使海堤多处塌陷（图2-3）。

图2-3 福建前江海堤（新华网）

三、丁坝

全世界沿海地区是人口密集、经济发展最为迅速的地带，也是旅游最为旺盛的地带。海滩作为海岸带地貌单元，活动很频繁，一直处在变化的过程中。它的断面特征和沿岸方向的波浪特征、泥沙输移和海滩物质的粒度等因素有着密切的联系。

沙质海岸地区的环境变化相对比较敏感，全球70%的沙质海岸遭受侵蚀，岸线平均蚀退率大于1米/年。日本有许多岸段每年侵蚀后退超过3米。我国的海岸线绵延3.2万多公里，渤海、黄海、东海、南海沿岸普遍受到侵蚀后退，侵蚀率分别为46%、49%、44%、21%。经计算，沙质海岸在1975—2007年的33年间减少了22.3%。海岸沙滩受到严重的侵蚀，出现滩面变窄、滩坡变陡、沙粒粗化、露基退化等问题，从而导致海岸线渐渐后退（图2-4）。

众多的研究者认为，海滩受

（a）海滩滩面变窄

（c）海滩沙粒粗化

（b）海滩滩坡变陡

（d）海滩露基退化

图2-4 海滩侵蚀（赵多苍，2015）

到侵蚀的主要原因为：一是因为沿岸动力的增强所引起的，比如风暴潮、海平面上升、天然海岸防护体的破坏。二是由于岸滩泥沙供给量的改变，包括河流改道、淡水截留、海岸工程、人工挖沙取石、人工围垦。这些自然因素和人为因素引起了海岸侵蚀。因此，改变岸线的动力条件使得泥沙促淤，或者增加泥沙的来源，实为防治海岸侵蚀的关键。传统的防治海岸侵蚀的方法是从工程角度出发修建丁坝、离岸堤等实体建筑物或桩柱、孔礁、柔性浮帘等透水结构，以及采取种植生物等措施来改变波浪、水流和泥沙运动的水动力特性，使水流流速减缓，从而减少带走的泥沙，实现促淤防冲的效果。

丁坝与岸线成丁字形布置，坝根与堤、岸衔接，坝身向海延伸。丁坝能将水流挑离岸边，拦截沿岸漂沙使之落淤；同时，对斜向波浪还有一定的掩护作用。为保护大片滩地并促使其淤涨，常需建筑一道至数道较长的丁坝，拦截较多的泥沙（图2-5）。如果在离岸一定距离的水中建造的与岸大致平行的坝体，也称顺岸坝，用以消减波浪并促使泥沙在坝后岸侧沉积。另外，还有护坦和护坎：海堤、护岸前面的局部保滩工程措施称为护坦或坦水。堤前滩地有阶梯状地势起伏时，为防止高滩地的前沿崩坍后退，在高、低滩间的陡坎处构筑护坎。

图2-5　辽河丁坝

第二节　滨海电厂

电力工业是能源工业的重要组成部分，确保发电设备的安全生产是非常重要的。在我国的发电设备中，火力发电设备占71.8%，是主要的电能生产方式，除此之外，还有水电设备、核电设备及地热与风力发电设备等。

一、火力发电厂

火力发电厂是靠燃煤或燃油/气释放的热能将水加热成蒸汽，来推动汽轮机做功，转化为电能，既产生电力，也构成一道景观（图2-6）。截至2013年底，全国共有投产在运煤电机组数量2023台，总装机容量73724万千瓦。其中，北海区949万千瓦，东海区5127.2万千瓦，南海区705.88万千瓦，占全国总装机容量的9.2%（王丹等，2014）。

图2-6　华电集团——巴厘岛一期燃煤电厂

从中华人民共和国成立至今，我国发电量增长近1000倍（国家电力监管委员会，2013），近年来更是稳居世界前两位。其中热电发电量一直约占全国发电量的80%以上。

二、核电厂

利用原子核内部蕴藏的能量产生的电能称为核电。1951年12月，美国实验增殖堆1号（EBR-1）首次利用核能发电。

（一）世界核电发展情况

核电站的占地面积要比水库小很多，每年消耗的燃料只有30吨，运输方便，不排放二氧化碳等温室气体和二氧化硫、氮氧化物，不会产生酸雨污染，成本和火电站差不多，所以核电还是有很大的优势。目前，世界上有32个国家和地区运行的核电机组共441个。核电占该国总发电量比例最多的有：法国85%，比利时59.3%，瑞典51.6%，英国23%。美国是世界上核电站最多的国家，拥有109座，核电占该

图2-7　日本核电站分布

国内总发电量的比例为20%。日本的核电站数量是55座（反应堆）（图2-7），核电占该国内总发电量的比例为34%。俄罗斯有31座，占国内总发电量的比例为16%。欧盟有16国拥有核电站，核电站总数158个。全世界核电运行机组其发电量为3.6亿千瓦，约占世界发电总量的16%。

（二）中国核电发展情况

我国大陆核电从20世纪70年代初开始起步。1984年第一座自主设计和建造的核电站——秦山核电站破土动工，至1991年12月15日并网成功。其间，还分别建成了浙江秦山二期核电站、浙江秦山三期核电站、广东大亚湾核电站、广东岭澳一期核电站和江苏田湾一期核电站等。进入新世纪，中国核电迈入批量化、规模化的积极发展阶段。截至2010年10月，国家已核准34台核电机组（图2-8），总装机容量达3692万千瓦，其中已开工在建机组26台，装机容量为2881万千瓦，在建规模居世界第一。

图2-8　中国运行和在建核电机组

（三）核电基本原理

核电站是利用原子核裂变或聚变反应所释放的能量来产生电能的发电站。目前，商业运行中的核电站都是利用核裂变反应来发电。核电站一般分为两部分：利用原子核裂变产生蒸汽的核岛（包括反应堆装置）和利用蒸汽发电的常规岛（包括汽轮发电机系统）。

核电站使用的燃料一般是元素铀和钚。目前运行和在建的核电站类型主要是压水堆核电站、重水堆核电站、沸水堆核电站、快堆核电站和气冷堆核电站等。

图2-9是以压水堆为例的核电站工作原理简易流程图。核电站通过三个回路实现"核能—热能—机械能—电能"的能量转换过程。

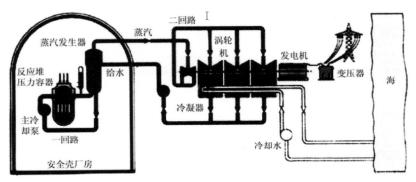

图2-9　核电站工作原理简易流程图

一回路中，反应堆冷却剂在主泵的驱动下流入反应堆堆芯，将核裂变产生的热能带至蒸汽发生器，在实体隔离的条件下将热量传递给二回路中的给水，然后再由主泵打回到反应堆内重新加热，循环往复。

二回路中的给水吸收了第一回路传来的热量变为高压蒸汽，进入汽轮机膨胀做功将热能转变成机械能，而汽轮机转子与发电机转子刚性相连，汽轮机带动发电机发电，将机械能转变成电能。

做功后的乏汽在三回路中冷凝成凝结水，经过加热除氧等步骤后再次被输入蒸汽发生器循环使用。

海水的主要功能是保证汽轮机的背压，带走冷凝汽器中的热量，将汽轮机乏汽冷凝以供二回路循环使用。其工艺流程可简化为：大海—取水明渠、循环水泵房—循环水压进水管冷凝器—循环水压力排水管—虹吸—循环水排水沟—排水入大海。

为了保证核电站的安全，在设计上还考虑了很多安全设施，包括自动停堆系统、反应堆超压保护系统、应急堆芯注硼系统、放射性物质包容系统及与之配套的应急供电和冷却通风系统等。加强运行管理和监督，及时排除故障；

设计提供多层次安全系统和保护系统，防止设备故障和人为差错酿成事故。

三、风力发电站

中国拥有丰富的近海风能资源（图2-10），在国家能源局最新可再生能源发展规划中，我国2020年水平海上风电的开发目标达30000兆瓦。

风能的大小和风速有关，风速越大，风所具有的能量就越大。通常，风速为8~10米/秒

图2-10 华能寿光滨海风力发电

的五级风，吹到物体表面的力，每平方米面积上达10千克；风速为20~24米/秒的九级风，吹到物体表面的力每平方米面积上达50千克；风速为50~60米/秒的台风，对于每平方米物体表面的压力高达200千克。近地面层每年可供利用的风能，相当于500万亿度的电力。由此可见，风能之大是多么的惊人。一般来说，三级风就有利用的价值。但从经济合理的角度出发，风速大于4米/秒才适宜发电。据测定，当风速为9.5米/秒时，机组的输出功率为55千瓦；当风速为5米/秒时，仅为9.5千瓦。可见风力愈大，经济效益也愈大。

（一）风能怎样变成电能

风力发电机由机头、转体、尾翼、旋转叶片组成。每一部分都很重要，各部分功能为：旋转叶片用来接受风力并通过机头转为电能；尾翼使旋转叶片始终对着来风的方向，从而获得最大的风能；转体能使机头灵活地转动以实现尾翼调整方向的功能；机头的转子是永磁体，定子绕组切割磁力线产生电能。

尽管风力发电机多种多样，但归纳起来可分为两类：水平轴风力发电机和垂直轴风力发电机。

1. 水平轴风力发电机

水平轴风力发电机，叶片的旋转轴与风向平行（图2-11），进一步又可分为升力型和阻力型两类。升力型风力发电机旋转速度快，阻力型发电机旋转速度慢。风力发电，多采用升力型水平轴风力发电机。大多数水平轴风力发电机具有对风装置，能随风向改变而转动。对于小型风力发电机，这种对风装置

海洋工程产业发展现状与前景研究

1.叶片　2.转子　3.调整角度　4.制动　5.低速轴　6.齿轮箱　7.发电机
8.控制器　9.风速计　10.风向标　11.外壳　12.高速轴　13.调整方向
14.调整方向马达　15.塔

图2-11　水平轴风力发电机

采用尾舵；而对于大型的风力发电机，则利用风向传感元件以及伺服电机组成
的传动机构。

2. 垂直轴风力发电机

垂直轴风力发电机，叶片的旋转轴垂直于地面或者气流方向，在风向改变
的时候无需将叶片对准风向（图2-12）。在这点上，相对于水平轴风力发电机
是一大优势，不仅使结构设计简化，而且也减少了旋转叶片对风的陀螺力。

（a）"城市绿色能源"的VAWT转子；（b）撒乌纽斯转子
图2-12　垂直轴风力发电机

（二）风电机组基础类型

根据目前国内海上施工单位的施工设备、施工能力及相应的技术水平，现阶段风电机组基础的类型有桩基础（包括单桩基础、导管架基础和高桩承台群桩基础）、重力式基础、吸力式基础。

用于海上风电机组基础的桩基础主要有单桩基础（图2-13）、导管架基础和高桩承台群桩基础。

1. 单桩基础

单桩基础目前在国外已建成的海上风电场中得到广泛应用，单桩基础特别适于浅水及中等水深水域。单桩基础的优点是施工简便、快捷，基础费用较少，并且基础的适应性强。在已建成的若干大型海上风电场均采用此种基础类型。

2. 导管架基础

导管架基础与单桩基础相似，采用3根或4根（中间加1根桩）的钢管桩，钢管桩顶部采用钢桁架与基础段相连，基础段顶部设法兰与塔筒相连（图2-14）。导管架基础主要用于单机容量较大、水深较深的风电场。

3. 高桩承台群桩基础

高桩承台群桩基础为海岸码头和桥墩常见的结构，由基桩和承台组成，其基桩可采用预制桩或钢管桩，东海大桥风电场采取类似基础式（图2-15）。

图2-13 单桩基础

图2-14 导管架基础

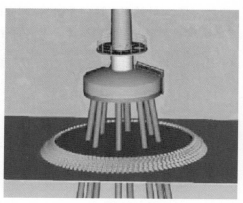

图2-15 高桩承台群桩基础

第三节　滨海电厂工程对海域环境的影响

一、热电厂对环境有哪些影响

建在海边的热电厂（燃煤和核能）都有取水口与排水口（图2-16），对滨海有许多重要影响。

图2-16　温州电厂温排水

（一）余热的影响

做功后的乏汽在回路中冷凝成冷却水，经过加热除氧等步骤后再次被输入蒸汽发生器循环使用。滨海电厂就是因为有取之不尽的海水作为冷却水源才傍海而建。但是，大量作为冷却水使用的海水回到海洋之后，电力冷却水温度比受纳水域高6℃～13℃，通常被称为"温排水"，其携带热电厂近50%的热量。

当进水温度为27℃，排水温升等于6℃时，浮游植物碳同化率下降30%。27℃驯化温度下的大黄鱼，骤然升温的半致死温度为28.8℃；25℃驯化温度下的鲈鱼，骤然升温的半致死温度为27.5℃。27℃驯化温度下的大黄鱼和25℃驯化温度下的鲈鱼，骤然降温10℃时，不影响它们的成活率。

夏季表层最高水温往往达到28℃～30℃，电厂温排水升温4℃，在该范围内的累积水温将达到32℃～34℃，接近缢蛏的最高限温，因此会对该范围内的缢蛏产生一定的影响。

由于冷却系统中的机械卷吸作用，使邻近水域水体理化和化学性质发生改变，进而使水域内生物群落结构、优势种、数量发生变化，对邻近水域生态环境造成一定的影响。据美国对1000个电厂调查，平均每个电厂每年冷却用水量为151.46×10⁶吨（平均冷却水量48米³/秒）。机械冲击对浮游生物的损伤率为11.98%~27.08%，对浮游藻类的损伤率平均20%。

在我国温排水对海洋环境的影响评估体系中，数模、物模试验的目的是预测电厂排水口处温升为1℃、2℃、3℃和4℃时的温升包络面积，以满足"人为造成的海水温升不超过当时当地4℃"的海水水质标准。

（二）余氯的影响

为了防止污损生物在电厂冷却系统内壁附着，堵塞管道，从而影响冷却效果，损坏冷却系统，以至危害电厂的安全运行。因此，电厂通常对冷却海水进行氯化处理，以杀死或抑制污损生物的生长。但是，在冷却水通过冷却系统排出后，其中的氯也随之排入海洋环境中。

当水中有氨存在时，氯和次氯酸极易与氨化合成各种氯胺：一氯胺、二氯胺和三氯胺（三氯化氮）。它们与水中的一些无机物和有机物发生反应会产生有毒化合物。当海水中余氯高于0.05毫克/升时，浮游植物的新陈代谢活动降低90%~100%；通过冷却系统的浮游植物受余氯影响，大约30%遭到损害；而浮游动物具有较强的承受氯化作用的能力，如牡蛎幼虫在余氯浓度为1毫克/升时，96小时的死亡率为30%。0.2毫克/升的余氯可以杀死60%~80%的夹带藻类。

（三）余氯计算

根据有关研究，海洋生物余氯慢性毒性阈线为0.02毫克/升。通常需给出冬季和夏季大、小潮期间余氯在环境水域中的稀释、迁移、扩散规律及相应的等值浓度分布和等值线包络范围。参考浓度分别为0.05毫克/升、0.02毫克/升、0.01毫克/升。

二、温排水的数值计算

沿海地区修建热电厂，一般直接取海水作冷却水，循环冷却水升温后排入环境水体会引起受纳水体升温。因此，电厂排水口的设置应综合考虑取水口的升温情况及温水的扩散效率，既要满足取水口能取到低温冷却水的要求，又要使温水迅速扩散，不致对水生态环境产生大的影响。

近岸温排水的模拟一般采用数学模型。温排水的数值计算有两个目的：一个目的，是作为取排水口位置选取的依据。原则上，排海的升温水不再进入取水管道。即使进入取水口，升温的幅度也较小，不会影响冷却效率。炎热季节冷却水温度每升高2℃，机组效率降低1%，当水温超过一定限度时，还会形成水循环短路，影响发电机组的安全。另一个目的，根据排海的升温水，不同的等值线所占据的面积特别是4℃等值线所占的面积，来确定热污染的范围。进行温排水扩散研究不仅具有重要的学术价值，而且对防止受纳水体热污染、生态环境保护、海洋环境预测以及电厂选址和方案比选等都具有重要的实际意义。

（一）二维温排水数值计算基本思路

温排水排放后，与受纳水体在沿程和垂向掺混，其温度逐渐下降；且因温排水水温高于受纳水体水温，一定情况下排口附近会形成明显的分层跃层现象。对于温排水分布进行数值模拟研究时，一般应当考虑二维、三维数值模型的适用性。平面二维模型因深度平均的缘故，无法反映出分层结构的温排水的特性，但对热量已充分均化的区域的温度分布能够给出可用的结果。

计算过程的基本思路如下：

1. 要把流场计算出来，它是温排水的扩散基础

计算流场的方法很多，最主要的是开边界的边界条件选取。为了能有更好的开边界控制点，计算网格一般取得很远。计算区域大了，计算量就会大大增加，因此，又出现大网格与细网格的交叉计算方法。为了适应岸边复杂的地形，计算网格不能用矩形网格，最好用有限元式计算网格，因此数值模式选取就要受到限制。

2. 要认真考虑海面热交换

排出的高温水一旦进入受纳水体，就会在海气界面之间产生热交换。具体来说，有海面长波有效辐射（地表长波吸收—地表长波辐射）、蒸发损失热量和海气之间湍流热损失。排出水体温度高，和环境水相比，热损失也高。

3. 温升场数学模型

在流场计算基础上，运用温升场数学模型计算排水口排出的高温水扩散的范围，最终用不同等温线表示出来。

（二）二维温排水计算结果个案分析（以莱州电厂为例）

1. 莱州电厂位置及周边地形

莱州市地处胶东半岛西北部，濒临渤海。根据经济发展用电需求预测和全省电源点布局需要，华电国际电力股份有限公司拟在烟台辖区莱州市海北嘴建设"华电国际莱州电厂一期2×1000兆瓦机组工程"，利用海水作为电厂的直流循环冷却水源、海水淡化水源，其位置及周边地形如图2-17所示。

2. 二维流场数值计算

莱州湾涨潮主流在湾中部偏西，方向从湾外 SSW 向过渡到湾中部的SW向。流速由湾外向湾内逐步减小，同时受刁龙嘴凸岸影响，故流速显著增大，流向变得非常复杂（图2-18）。落潮流方向基本和涨潮流方向相反，同样受刁龙嘴浅地形影响，浅滩处落潮流变得异常复杂。同时，莱州电厂的海北嘴处由于受岬角地形影响，流速和流向亦复杂多变（图2-19）。

3. 温升计算

由于有广阔的受纳条件，滨海电厂温排水多采用深取浅排的直接排放方式，深层高盐冷却水经过电厂机组后，高温高盐温排水直接排放到海洋表层，并与周围

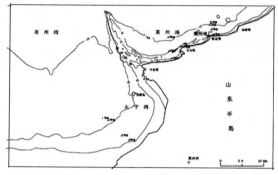

图2-17　莱州电厂位置及周边地形

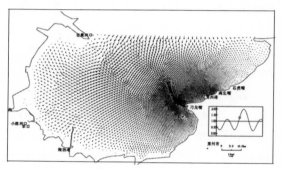

图2-18　涨急平均流场（华电国际，2006）

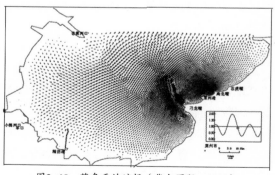

图2-19　落急平均流场（华电国际，2006）

较冷的海水混合。莱州电厂排水口位于海北嘴的南面、电厂的西缘；取水口位于海北嘴北部，为了防止落潮高温水对取水温度的影响，取水口西缘增加600米长的南北向大堤，利用大堤的绕流作用，将大部分热水在取水口远处流走，使取水口附近落潮温升小于2℃。图2-20是涨潮流流态下，垂直平均温升。由图中可见，在西南向涨潮流作用下，电厂排放的冷却水（水温高出环境水温10℃），顺着海湾地形向西南方向扩散，对取水口水体升温在1℃以下；但是，指向东北、偏北的落潮流，则将冷却水带至取水口附近，引起取水增温（图2-21）。

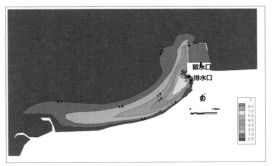

图2-20　实测大潮涨潮条件下5×1000兆瓦机组运行平均温升（℃）（华电国际，2006）

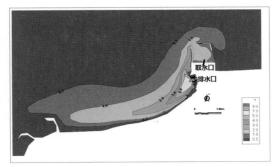

图2-21　实测小潮落潮条件下5×1000兆瓦机组运行平均温升（℃）（华电国际，2006）

（三）三维温排水计算（以马萨诸塞州希望湾为例）

深层高盐冷却水经过电厂机组后，高温高盐温排水直接排放到海洋表层，并与周围较冷的海水混合，呈现出复杂的温差密度分层和紊流流动特性。因此，二维温排水数值计算不能解决冷却水（虽是"冷却"，但是高出环境水8℃~10℃）的实际扩散运动：夏季排放的"高温"的冷却水密度只有环境水密度的99.8%，它必然沿着表层扩散，不可能呈垂直均匀态。

1. 计算网格

以三维σ坐标系对希望湾进行温排水扩散计算，计算网格如图2-22所示。中间是全部模拟水域，左右则是相应区域放大。

2. 表层温度模拟结果

图2-23是模拟的表层水温。为了验证，人们还专门进行航测（左图）和船测（右图中18个红色圆点，就是18条船）。通过飞机的航测（早晨6时）和

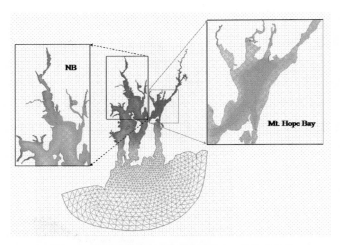

图2-22　美国马萨诸塞州希望湾温排水三维计算网格

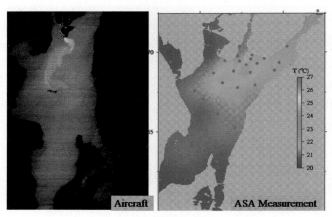

图2-23　希望湾表层温度分布（陈长胜，2010）

同步的船测结果与数模结果对照，两者是非常吻合的。

三、冲淤计算

海岸地区是陆海相互作用集中的地带，演变机制复杂，生态环境敏感脆弱。泥沙运动是海岸带区域的一种基本物质运动，由于泥沙运动与电厂取水、岸滩演变、航道淤积等许多海洋工程问题有关，因此泥沙运动是很多海洋工程问题必须要了解的问题。建立数学模型是了解泥沙运动的重要手段。

海岸带区域水下地形和岸线形状的复杂性和水动力条件的复杂性，决定了泥沙运动是一个十分复杂的物理过程：既有悬沙运动，又有底质推移，水中泥沙和床面泥沙还处于不断的交换过程中。泥沙运动，一般可以由三个过程描述：沉降、扩散和输运。由于泥沙时起时沉，因而与其他污染物的运动形式有所不同，它的运动规律主要由海水的流动速度和泥沙颗粒的粒径决定，因而研究泥沙运动时必须综合考虑其沉降机制及水流挟沙能力等情况，才能合理地给出泥沙的运动规律。

我们通常基于FVCOM三维数学模型来计算冲淤。该模型是无结构网格的、有限体积的、三维原始方程的海洋数值模型。模型包含动量方程、连续方程、温盐守恒方程以及状态方程，通过采用二阶湍封闭模型来对方程进行封闭。水平方向上是三角网格，而在垂向方向上采用的是三维σ坐标。

下面以东营电厂为例，看泥沙冲淤情况。图2-24、图2-25分别给出取水口前端（等值线密集区域）、周围水域净冲刷（负值）和净淤积（正值）一年后、五年后的分布。

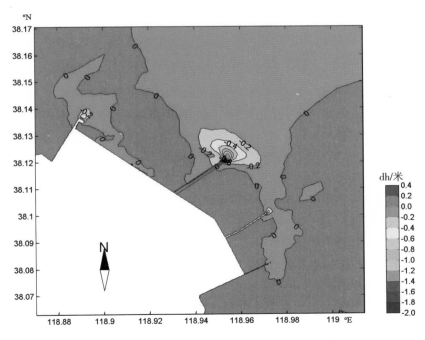

图2-24　一台机组工作潮流作用下海底冲淤（一年）

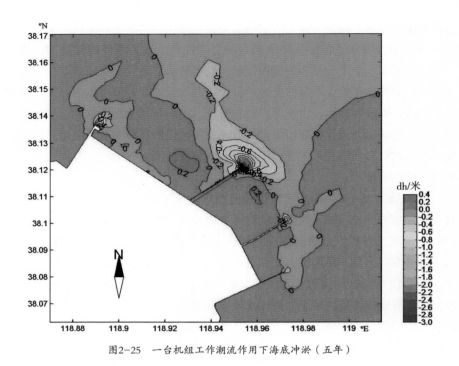

图2-25 一台机组工作潮流作用下海底冲淤（五年）

四、浓盐水扩散实验

海水淡化是当前解决淡水匮乏的有效技术，是滨海各类热电工程的必选方案。浓盐水是海水淡化中的排出物，在当前不具备浓盐水综合利用的地方，均以废水的形式排放入海。

浓盐水的盐度大多远高于局地海水的盐度，对于海洋生物及其生态环境而言，是一种伤害、是一种污染物质。怎样在获取海水中部分淡水的同时，使其排出的浓盐水不伤害或少伤害其他海洋生物与生态环境，是滨海热电厂建设中必须考虑的问题。

浓盐水扩散数值模拟是海洋动力扩散数值模拟中的新课题。为此，要进行各工况条件下的浓盐水扩散的数值模拟，并根据计算结果，分析对海洋生态环境和取排水工程的影响，提出浓盐水排水口位置和排放布置形式的建议。

某核电厂的核岛和常规岛所需除盐水、生活饮用水、消防用水和工业用水等均采用海水淡化来解决。工程一期海水淡化取水量为2438米³/时，正常排水量为1488米³/时，其中1200米³/时为浓盐水，含盐量约51200毫克/升。工程二期取水量增加一倍。本底盐度为32000毫克/升，淡化后盐度增加18000毫克/升。高盐排放口在突出地形的西部。

计算结果如图2-26和图2-27所示。其中等值线标识0.1、0.5、1分别表示本底盐度32000毫克/升增加到32100毫克/升、32500毫克/升、33000毫克/升。由于浓盐水密度大，所以潜行海底，底层盐度扩散面积显著大于表层。夏季受东南风影响，浓盐水向东北扩散范围大；冬季受东北风影响，北向扩散受到显著抑制。

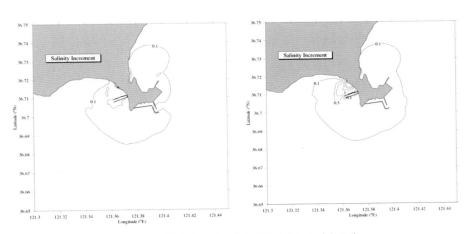

图2-26　夏季大潮表层（左）底层（右）盐升包络线

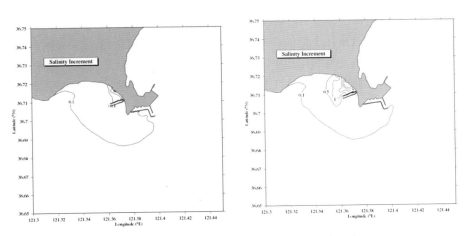

图2-27　冬季大潮表层（左）底层（右）盐升包络线

第四节　围垦

一、现实造就了历史

近年来，随着我们国家改革开放的不断推进，经济建设的热潮一浪高过一浪，工程建设行业也得到了前所未有的大发展，然而沿海地区，尤其是沿海港口城市，土地资源日益紧缺。海涂围垦工程的蓬勃发展，正是为解决这一日益突出的矛盾提供一剂良方，也为开发港口岸线创造条件。由于要急于解决城市发展对土地资源的迫切需要，在高滩围垦已基本完成的情况下，必须在有条件的浅海低滩，通过促淤进行围垦（图2-28）。

图2-28　围垦的壮观场面

潮滩围垦是沿海国家拓展陆域、缓解人地矛盾的最主要方式之一。潮滩围垦通过对潮滩高程、水沙动力条件、沉积物特征等多种环境因子的改变，促进生物演替，并通过垦区土地的人为利用，对海岸环境演变产生重要影响。

潮滩围垦及其开发利用在中国已经有1000多年的历史，浙东大沽塘、苏北范公堤代表了我国历史围海工程的最高成就，荷兰、德国、英国等国的潮滩围垦也有几百年至近千年的历史。

围垦工程通过海堤建设，在短时间、小尺度范围内改变自然海岸的格局，对海岸系统产生强烈扰动，影响着垦区附近海域的潮汐、波浪等水动力条件，导致附近泥沙运移状况发生变化，并形成新的冲淤变化趋势，从而可能对工程附近的海岸淤蚀、海底地形、港口航道淤积、河口冲淤、海湾纳潮量、河道排洪、风暴潮增水等带来影响。有时甚至会引发环境灾害，对海岸环境构成不可逆转的影响或损失。

二、围垦的基本方法

浅海低滩围垦工程必须在潮间带或水上作业施工，有效作业时间短，作业地点在浅海且远离岸线，故而施工难度及风险要大得多。另外，在施工方法上也有很大的不同，目前普遍采用船运碎石填层，插板船水下铺设土工布、排水板等水上作业；船运抛石、船运装沙的吹填施工方法等。除了辅以必要的人工外，土方主要依靠先进的机械设备进行施工，包括用于围堤的水力冲填机组设备和用于围内吹填的海上专用施工船舶。这些海上的施工作业，受海上潮汐、潮流、风浪等影响，都给施工过程中的安全控制增加了不确定因素。近年来的围垦实践中也确实发生了一些恶性事故。因此，如何在施工中采取措施尽量减少安全事故的发生，也就成了围垦项目亟待解决的首要课题。

（一）科学研究的内容

历史上群众自发性的小型围垦，海防等级较低，遇到强台风或风暴潮，辛苦成果毁于一旦。中华人民共和国成立以后，以政府为主导的围垦逐步走向规模化和综合化方向发展。在围垦的同时，还兼顾防洪、航运、水产、环境等，发挥围垦的最大综合效益。科学围垦，日益受到重视。众多研究者运用物理模型、数学模型，对围垦的平面布置进行分析，提出丁坝与顺坝相结合方式、网坝促淤方式，进行促淤围垦。此外，还出现了桩式离岸堤保滩促淤、互花米草生物促淤。

1. 防浪护坡

对各种护面结构，对作用于斜坡上最大波压力及波压力分布、越浪量大小、护面块体的稳定性与破坏机理等方面进行大量实验研究。在工程实践中，不再简单利用抛石护坡，而是根据不同风浪条件，出现干砌块石护面、浆砌块石护面、灌砌块石护面、混凝土护面、袋装混凝土护面及人工块体护面等结构。近年来，为保证块体的完整性和耐久性，灌砌块石护面在风浪较小区域的使用较为频繁。而为提高消浪效果，抗击巨大海浪冲击，异形块体在大风浪区得到广泛应用，如四角空心块、扭工块是最常见的异形块体。

2. 围堤结构形式

在自然泥面较高的海域，海堤多以土石混合堤为主。堤外以石方挡潮，内侧多以闭气土方修筑。在有沙源及沙料丰富的区域，吹填粉沙土筑堤成为围堤结构的主要形式。近年来，许多地方采用编织袋充土筑坝新技术，有效降低了工程投资。在淤泥质海岸，主要以斜坡堤或斜坡为主的复合断面最为常见；在沙质及岩石面较高的海岸，以直立式或直立为主的复合式岸坡最多。

3. 软地基处理

软地基处理是修建海堤主要的技术难题。在淤泥及淤泥质软土地基上修建海堤，早期采用抛石自然挤淤和镇压层法。1980年后，开始研究加筋土工合成材料在软地基上应用。实践证明，在堤身不高、淤泥层不厚的海滩，编织袋加筋，对减少堤身块石下陷、减少地基不均匀下沉和水平位移有显著作用。后来，又使用PVC塑料排水板与镇压层相结合的地基处理技术，效果也比较理想（图2-29）。

图2-29　编织袋用于软地基处理

4. 围海堵口技术也日趋成熟

浙闽一带，潮差较大，在堵口过程中，龙口流速可达7米/秒以上，加上淤泥地基承载力较小，堵口失败的实例不少。后来通过研究，提出将平堵和立堵结合，以平堵为主，尽量采用宽而浅口门的堵口办法，效果很好。

但是随着事业快速发展，高、中滩已剩余不多，将逐步转向低滩围垦。此时将面临一系列技术难题，如低滩水动力强，围堤较难站住脚；围堤标准要提高等。

（二）初步认可的工程效益

主要来源于农业、水产养殖及工业商贸开发区土地出让收益，而且将为经济区等的开发和建设提供腹地和用地，还可以缓解省、市部分重点项目建设用地紧张的状况，为发展现代农业和繁荣港区经济提供建设腹地，对耕地总量的动态平衡起到积极作用。外走马埭围垦工程是福建省重点建设项目，分海堤和垦区开发两个部分，也是目前我国最大的围垦工程。此处以它为例进行说明。

1. 农业收益

外走马埭围垦工程计划建造农业用地33205.5亩，发展高优农业，选择种植双季稻、蔬菜和豆类等经济作物，总产值预计可达6780万元。同时，建成后的外走马埭围垦区将与国家级现代农业示范项目——1.2万亩的惠安县走马埭现代农业示范园区连成一片，对其扩大规模以提高综合效益提供了有利条件。

2. 养殖业收益

外走马埭围垦工程原规划建设水产养殖及河道滞洪区用地14400亩，主要用于海水养殖、网箱养殖和吊养牡蛎，总产值预计可达11816万元。但由于国家重点项目中化泉州1200万吨/年炼油项目将落地泉州外走马埭围垦区内，拟使用垦区用地约4264亩。国土部、福建省政府同意在确保外走马埭围垦区新增农用地面积不变的前提下，调整减少围垦区养殖面积4264亩，增加外走马埭围垦区工贸用地指标4264亩。

3. 工业商贸区出让收益

外走马埭围垦工程工业商贸区面积5100亩，竣工后分10年出让土地，每年出让500亩，年收入可达7200万元。泉州船厂、联合石化30万吨级原油码头和中化重油深加工等一批大项目的落地建设，加快了围垦区的开发建设，工程完工后，一个个现代化的工业园区将在这里崛起。

4. 社会效益

外走马埭围垦区内规划1000亩土地用作滞洪区，规划营造防护林、灌溉工程设施和交通道路等。工程建成后，不仅可保护沿区3个城镇、4.8万人和3.57万亩耕地免遭风暴潮侵袭，对沿海地区起到重要屏障保护作用，而且可防止水土流失，改善生态环境。

围垦工程建成后将增加陆地面积5.15万亩，约34.35平方公里。工程完工后，泉州市的陆地版图将增加这个区域，相当于新增一个小乡镇，可适当缓解泉州人多地少的矛盾。

三、围垦潜在的影响

（一）围垦对港湾水沙动力的影响

港湾围垦指在湾内边滩筑堤圈围，或在湾顶、湾中、湾口或湾内港汊筑坝堵港。边滩围垦多在高滩外缘筑堤造陆，类似平直海岸的小规模围涂。堵港围海则是在堵港之后，将港内高、中滩筑堤造陆，低滩或浅海则多用于蓄淡养殖。港湾围垦主要造成坝内港口废弃，并因纳潮量减少及径流被拦蓄而导致坝外港口航道淤积。

1. 对潮位的影响

以温州围垦工程为例（图2-30），特别是位于瓯江口的一、二围填，在一定程度上阻碍了瓯江径流的下泄，因此会引起水位的变化。

通过数值计算表明，这种影响是存在的（图2-31、图2-32）。图中给出了洪季瓯江口门内外洪季最高和最低潮位沿程分布。从图中可以看出：远期围垦工程

图2-30 温州围垦工程（鲍献文，2015）

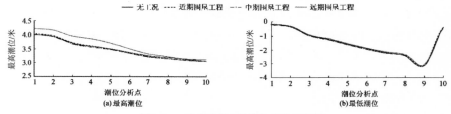

图2-31 洪季最高、最低潮位沿程分布

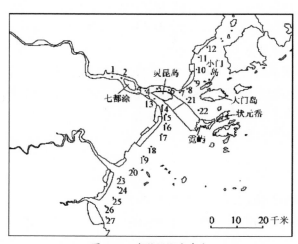

图2-32 潮位沿程分布点

实施后，从北口至口内（1~8号潮位分析点）最高潮位有所增大并出现一定程度的壅水，特别是七都岛附近的最高潮位增大近30厘米，同时口门处沿程最低潮位也有所抬升，这与远期工程中瓯江南口受封堵而导致的口内径流下泄受阻有关。而在口门及口门外（自灵昆岛东岸向外海一带），沿岸最高潮位均较规划工程实施前有所减小，而最低潮位则有所增大，潮差减小。这是南口围垦工程引起的上游径流下泄受阻以及口门附近潮汐动力减弱共同作用的结果。

2. 围垦对平直海岸水沙动力的影响

平直海岸围垦一般在淤涨型岸段进行，其堤线大体与海岸线平行。围堤之后，潮流条件的变化使得原来相对平衡的海滩剖面遭受破坏。随着潮滩均衡态的调整，堤外滩地逐渐淤高，并继续向海推进。由于围堤切断了潮盆近岸部分的潮沟系统，并改变了潮盆的局地水沙环境，因此，在潮滩均衡态调整过程中，潮水沟的活动可能会危及海堤安全。在合理的围堤方案中，确保匡围后潮滩均衡态调整不影响海堤安全，是围海工程设计时需要解决的首要问题。李加林等运用潮滩均衡态概念框架，探讨了潮滩演变规律在苏北仓东片围海工程围堤选线中的应用，并分析了仓东片围海工程对梁垛河闸排水的可能影响。结果表明，合理的围堤方案，在平均潮汛及一般大潮汛时对邻近闸下排水能力影响较小，而在风暴潮或秋季大潮汛时有一定影响，但可以通过若干次冲淤保港来解决。

3. 围垦对岛屿周边水沙动力的影响

海岛多基岩岬角海湾，单片滩地围垦面积一般较小。由于起围堤线的降低，再加上海岛风浪较大，一般须促淤围垦，或在岛屿间堵港建坝促淤，等条件成熟时再进行连岛围垦工程。岛屿围垦或连岛围垦会明显改变陆岛附近的水沙环境和底质类型，并给滩涂养殖和原有港口航道带来不同程度的负面影响。我国的岛屿围垦工程除海南岛和崇明岛外，一般规模较小。浙江温岭东海塘工程是一项典型的连岛围海工程，因工程可能导致礁山港的严重淤积，曾中途停工，后将礁山港外移至横门山岛建龙门新港，促使该项连岛围垦工程顺利完成，并增加了滩涂养殖面积。1977年完成的浙江玉环漩门港堵口促淤工程，使玉环岛连接陆地，由于漩门港的纳潮量仅占乐清湾纳潮总量的3%，因此对湾内水沙动力环境的影响较小。

（二）围垦对海岸带物质循环的影响

1. 围垦对堤内营养物质循环的影响

围垦对堤内营养物质循环的影响研究主要涉及垦区土地利用对土壤脱

盐、土壤肥力、水土流失等方面的影响。新围滩涂脱盐受气候、利用方式、地形高低的影响，完善排水系统、降低地下水位是脱盐降渍的根本途径。采取必要的工程措施，如控制内河水位、实施暗管排水、开挖排咸河、抬高涂面则可加速脱盐过程。此外，不同的土地利用方式也影响土壤脱盐速度，如水稻种植比旱作更易脱盐。土地的农业利用还引起土壤有机质，N、P、K养分特征的变化，长江口南岸的东海农场围垦后无机氮含量有增加的趋势，柱状沉积物中无机氮含量的季节性变化明显加剧。土壤肥力特征的变化与土壤利用方式、农业化肥投入、排灌体系等密切相关。由于土壤抗碱性差，加上植被覆盖低，垦区土壤还存在较严重的重力侵蚀、水蚀和风蚀。用盐水和淡水轮流灌溉将引起表土层土壤导电性、溶解钠、钠吸收率和交换性钠含量的变化，但对产出的影响并不明显。

2. 围垦对堤外滩地及近海水域营养元素循环的影响

围垦对堤外滩地及近海水域生态环境的影响研究主要集中在潮滩底质和近海水域污染两方面。不同的围垦规模和污水排放体系有着不同的污染物排放通量和输移方式。同时，土地利用方式的差异也造成不同的污染种类和污染程度。如港口、能源、化工、城镇建设等全面开发活动带来的污染远大于以农业开发为主的影响。工业废水、垦区内外海水养殖废水、农田耕作退水和居民生活污水是造成垦区内外水质和潮滩底质污染的主要因素。

3. 围垦对海水入侵和地下水位的影响

滩涂围垦在海水入侵地带具有一定的正效应。虽然围垦后地下水位下降不大，但筑堤御潮及垦区灌排水网建设降低了地下水矿化度，海水淡化趋势明显，并能在一定程度上减轻海水入侵。淡水资源的严重不足、地表水体污染和水质恶化是垦区的水资源与水环境的突出问题，潮滩围垦还可改变地下水流系统。新围垦区土壤脱盐、涂区种植和养殖都需要大量淡水，工业生产和居民生活也需要大量的淡水资源，过量抽取地下水，将导致地下水位下降、地面沉降和海水入侵，并导致土壤盐渍化。围堤工程的建设使得海岸带垦区内外物质循环过程发生显著改变，潮滩匡围使得垦区内潮滩脱盐陆化，垦区土地利用则使得土壤成土过程及肥力特征发生改变，逐渐形成陆生生态系统。同时，入海物质排放通量的变化也对潮滩及近海水域生态环境产生影响。虽然滩涂围垦在海水入侵地带有一定的正效应，但由于水资源严重短缺，过度抽取地下水仍将可能导致地下水位降低或海水入侵。因此，海堤建设对潮滩的隔断及垦区土地利用是围垦对海岸带物质循环过程产生影响的直接驱动力。现有研究仍缺乏围堤建设对海岸带物质循环的影响过程和机制研究，而不同土地利用方式对垦区物质循环的影响评价也亟须深入，以形成合理的土地利用系统，减少对海岸带生态环境的影响。

4. 围垦对潮滩生物的生态学影响

（1）围垦对潮滩盐生植被演替的生态学影响。围垦后，围堤内外的潮滩生态环境有着不同的演化特征。堤内潮滩湿地与外部海域全部或部分隔绝，垦区水域盐度逐渐降低，土壤表层不再有波浪或潮汐带来的泥沙沉积，土壤因地下水位下降而不断脱盐。生境条件的变化，导致盐沼植被群落结构的演替。

（2）围垦对潮滩底栖动物的生态学影响。围垦改变了潮滩高程、水动力、沉积物特性和盐沼植被等多种环境因子，这些生物环境敏感因子的综合作用，将导致底栖动物群落结构及多样性的改变。潮滩围垦后，堤内滩涂在农业水利建设和各种淋盐改碱设施的改造下逐渐陆生化，潮滩底栖动物种类、丰度、密度、生物量、生物多样性等都明显降低或最终绝迹，陆生动物则逐渐得以发展。日本九州岛西部谏早湾围堤导致了堤内水域底栖双壳类动物大量死亡及淡水双壳类群落的发展。苏北竹港围垦后沙蚕在一两个月内便全部死亡，适生能力较强的蟛蜞年内也几乎全部消失。围垦也使得土壤线虫群落种类多样性和营养多样性明显减少。水文环境和沉积环境变化是引起堤外底栖动物群落变化的最重要因素。堤外淤积环境的迅速改变，使不适应快速淤埋的潮滩底栖动物发生迁移或窒息死亡。上海市围海造地使得潮滩及河口地区的中华绒螯蟹、日本鳗鲡、缢蛏、河蚬明显减少。此外，海水养殖、淡水种植和工业等废水大多通过沿海挡潮闸排入垦区外海域，也对附近的潮滩底栖动物产生影响。

（3）围垦对其他生物的生态学影响。围垦对其他生物的生态学影响研究主要包括陆源动物、水禽和附着生物。围堤对陆源动物影响较小，但受人为捕猎影响，其消亡速度较快，如獐子在围堤时就可能被捕猎。丁平等研究了钱塘江河口萧山垦区小型兽类的兽种形态、群落结构、分布格局、种群动态、栖息地特征及其与人口迁居的关系。英格兰东部的沃什湾潮滩栖息的雌麻鸭及其他七种涉禽的数量与盐沼底质类型和盐沼断面宽度之间存在明显的相关关系，潮滩围垦使得潮间带盐沼变窄，最终导致了水禽的减少。唐承佳等的研究表明，鸻鹬生境必须含有水域、植被和裸地三种景观要素，景观异质性的改变引起鸻鹬数量和群落结构的变化。围海工程还引起附近海区浮游植物、浮游动物生物多样性的普遍降低及优势种和群落结构的变化。受水流不畅影响，围垦区内水域附着生物群落的发展水平明显不及垦区外。围垦通过对潮滩生物生境条件的改变，干扰了潮滩盐生植被的正常演替，甚至导致盐生植被的逆向演替，引起底栖动物生物多样性减少及陆生动物的发展，同时还影响着鸟类等其他生物的群落特征。而围垦对潮滩生物生态学影响机理的研究目前仍较缺乏，未能确立潮滩生物生态学与潮滩敏感环境因子的对应关系。因此，今后的研究应加强对潮滩生物生态学的调查，探讨围垦引起的潮滩生物种类、数量的时空变化规律与潮滩生态因子的关系，以及人类滥捕或移苗护养对潮滩生物生态学的可能影响。

大堤内芦苇湿地由于人工排水干涸，土壤发生旱化和盐渍化，植被群落表现为明显的次生演替。堤外高滩的快速淤积，为先锋盐沼植被侵入创造了条件，同时植被的促淤作用也使得潮滩进一步淤高，盐沼植被逐渐恢复到围垦前的状态。江苏东台笆斗、金川、三仓、仓东等垦区的围垦论证及跟踪调查表明，只要在堤外预留适量的盐沼，随着堤前滩地的淤高，原生的盐沼植被群落将在堤外得到恢复。围垦对海岸带环境演化具有影响（图2-33）。

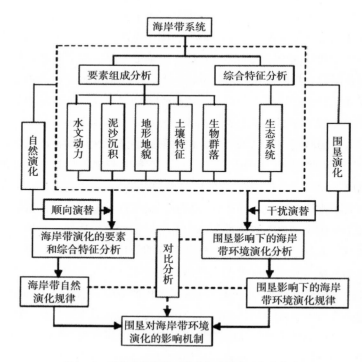

图2-33　围垦对海岸带环境演化的影响研究关系图

第五节　近岸海水养殖工程

一、筏式养殖

筏式养殖是一种立体集约化养殖技术，基本形式有两种：一种是浮台式，采用的木（竹）结构组合式筏架，适于在风浪较小并可避风的海区使用；另一种为延绳式，通常适合在水深流急的海区使用。

（一）浮台式

浮台式筏架的优点是养殖对象排列较集中（图2-34），便于操作和管理，但单位面积产量受水流及食物丰度的影响较大，而且浮台式筏架还影响海区容貌，并与游钓、游艇、军事等用途相冲突，因此在西方国家运用较少。在我国，浮台式筏架在南方应用比较广泛，北方则主要为延绳式。

图2-34　浮台式筏架

筏架主要有两大类：一类为单筏，由一缏两橛构成，一个筏体由两个橛子与海底固定；另一类为框筏，由单筏组合而成，由大缏构成框架，用框架大缏固定单筏，框架大缏上不加浮子，只起形成框架的作用。单筏结构较框筏结构简单，抗风浪能力强，是我国目前贝藻养殖的主要类型。

（二）延绳式

由浮标、网笼、主绳、桩绳以及固入海底的锚组成延绳式浮筏，亦称延绳式养殖（图2-35）。通常处于风大、浪高、流急的海域，受到复杂的海况作用，其结构安全性和可靠性直接关系到养殖成败。为了能更多地接受流体输送的养分，延绳方向一般和海区潮流方向垂直，和波浪传播方向一致。

筏式养殖可以有多种养殖模式，如垂养、平养、单养或混养。在我国及

图2-35　延绳式养殖

世界范围内，垂养和单养占主导地位，平养主要用于藻类养殖，而垂养则主要用于贝类的养殖。混养是一种值得推广的生态养殖模式，可以利用不同养殖对象在养殖过程中的生态互补性，达到高产高效、优化养殖环境的目的。

（三）筏式养殖发展现状

筏式养殖最早是日本发明的，后来在全世界的海水养殖中得到广泛运用。在日本，筏式养殖被广泛应用于牡蛎和大型藻类、贻贝及扇贝的养殖。我国从20世纪50年代海带筏式养殖技术的完善和成熟开始，至今已经发展成为涉及多个经济物种的筏式养殖，利用筏式工程设施养殖的藻类有海带、龙须菜、麒麟菜、石花菜、羊栖菜，贝类有扇贝、牡蛎、贻贝，海珍品有鲍鱼、海参、海胆、蟹类。筏式养殖的广泛应用，为世界水产养殖业创造了巨大的经济效益、社会效益和生态效益。

在筏式生态养殖方面，养殖种类、形式过于单一，导致生态失衡，养殖生物大规模死亡现象时有发生，对多元生态养殖技术缺乏深入研究。我国的海水筏式养殖设施的种类比较单一，特别是针对一些特殊生态习性的养殖生物（如海参、鲍鱼）的养殖设施开发不够，有关养殖设施及其工程结构的研究较少。另外，我国近海水深普遍较浅，在缺少垂直空间使用浮台式结构及其技术的情况下，只能依靠养殖设施的强度来抵御风浪，使养殖生产抵抗自然风险的能力降低。

二、海水网箱养殖

网箱养殖是在天然水域条件下，利用合成纤维或金属网片等材料装配成一定形状的箱体，设置在水中，把鱼类等养殖生物高密度养在箱中，借助箱内外不断的水体交换，维持箱内养殖生物的生长环境，利用天然饵料或人工投饵实现苗种培育或成体养殖（图2-36）。

图2-36　网箱养殖

网箱养殖是一种高密度、高投入、高效益的集约化养殖方式，可以在海水、淡水及各种形式的水域中使用，并可应用于不同的养殖种类。网箱结构主要由箱体、框架、浮力装置和投饵系统四部分组成，附属设施有饵料台、浮码头及系留绳索等。网箱的结构类型及设置方式多种多样，按设置方式一般可分为固定式、沉下式、浮动式和升降式（图2-37）四种；按网箱的形状可分为方形网箱、圆形网箱、多角网箱和双锥体网箱；按组合形式可分为单个网箱和组合式网箱。随着养殖工程的发展，网箱养殖不断融入高新技术，并向自动控制、现代大型水面养殖系统发展。

图2-37　升降式网箱

我国海水鱼类的养殖方式有网箱、池塘和室内工厂化等，而网箱是目前海水鱼类养殖的主要形式，养殖产量占一半以上。

目前应用的网箱主要是传统网箱，其主要框架材料为木板、竹竿、钢管，网衣材料大部分为聚乙烯（PE），少量为尼龙（PA），固泊方式分为打桩和下锚两种。

第三章
深海工程

人类对海洋，始终是既热爱又敬畏的。20世纪下半叶，随着深海开发技术的不断完善，人们越来越深入地探索着海洋底部无穷无尽的资源。石油、可燃冰、锰结核、热液硫化物……探索在一步步深入，争夺也越来越激烈。对丰富海洋资源的渴望与探索生命起源的热情，使世界各国兴起了一轮"蓝色圈地运动"。

第一节　走向深海大势所趋

比起陆地来，人类对海洋的认识更加表面化。作为陆地生物，人类诞生以来就是站在海洋之外看海水的。无论从岸上还是船上，都是自上而下看，看到的是一个单向运动的海洋：物质和能量都是从海面向海底传送。海底好比是世界的终点，有人一度主张将核废料倾入深海底下，以为可以永远埋葬，把海底当作地球的垃圾桶。

随着深海探测技术的成熟，人类潜入深海，立足海底往上看，方才明白海洋是个双向系统：不但有自上而下，还有自下而上的能流和物流。

人在徒手的情况下，曾有人创造的下沉深度是大于400米，这是个人借助于绳索和重物迅速下沉，并借助气囊迅速上浮，没有使用氧气、抗压力设备等，基本可以算是不使用潜水装备的。

穿潜水衣，并使用氧气等设备，安全潜水深度也是400米左右，如果要潜入更深的深度，必须使用特种氧气，即氧气和稀有气体的混合气体，才可以潜入更深的深度，但危险也进一步加大，主要是血液溶解其他气体的问题。

一、深海的定义

深海顾名思义即深深的海洋，它与"大洋"基本上一致。海洋占全球面积的71%，地球是名副其实的水球。海洋学上定义：大于等于1000米水深的海洋为深海，它占全球海洋总面积的3/4。全球海洋水均深3795米。4000～6000米为深渊，大于6000米处为超深渊。大于6000米的深海只占全球海洋的0.1%（图3-1）。

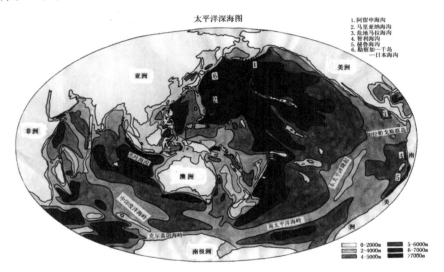

图3-1 世界大洋水深分布

基于生产实践的需要，主要从事海洋石油工程、深水水下工程的段梦兰教授指出："深海"这个概念是随着时代的发展不断变化的。100年前，可能50米就是深海；50年前，100米就是深海了。同时，这个概念在各个国家也不尽相同。各国都有自己的标准，在巴西是以300米为深水，1500米为极深水。还有些国家，包括美国是以500米为限，极深水也是1500米。我国基本上是按500米来划分的，之所以以500米为限，这和我们现在的勘探技术和勘探能力有关。

二、海底地形

（一）测深

要知道海底地形，就要知道海底各处的水深。最早是直接测深，就是用测深杆、测深锤或钢丝绳等直接测量海洋的深度。这种方法只能用于浅海而且受海流的影响较大。在较深的海洋中，用放出的钢丝绳长度和倾角计算其深度，并加以改正，但由于受海流的影响，负载触底的状态不明，其准确度也是不高的。

在现代，则用超声波回声探测。它向海底发射一束较窄的声脉冲，测量此信号由海底反射并回到水听器的时间，在声速已知的条件下，就可测出船只所在处的水深（图3-2）。现代大功率的测深仪，能够描绘出最深洋底的形状。多波束式或多振子的测深仪，可同时获得多个水深点的数据，并往往采用数字显示，和计算机联用而自动绘制海底地形图。

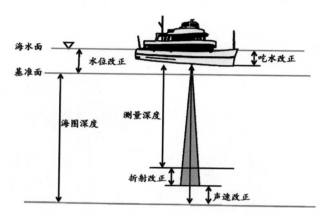

图3-2 声学测深

（二）海底基本地形

通过无数次的调查和测量，人们逐渐了解了海洋的深度。原来大陆不过是耸立在海洋中的岛屿。沿大陆向外，深度逐渐增加。洋底有高耸的海山、起伏的海丘、绵长的海岭、深邃的海沟，也有坦荡的深海平原。

1. 大陆架

大陆架的地势多平坦，其海床被沉积层所覆盖，它的边缘开始向深海倾斜。大陆架的深度一般不会超过200米，但宽度大小不一。与大陆平原相连的大陆架比较宽，可达数百公里至上千公里，而与陆地山脉紧邻的大陆架则比较狭窄，可能只有数十公里，甚至缺失。大陆架上也可以发现一些丘陵、盆地，还有明显的"水下河谷"（图3-3）。

图3-3 海底地形

2. 大陆坡

大陆坡，是大陆向深海盆地过渡的一个地段。大陆架是大陆的一部分，大洋底是真正的海底，因而大陆坡是联系海陆的桥梁，它一头连接着陆地的边缘，一头连接着海洋。大陆坡分布在水深200米到2000米的海底。

3. 大陆隆

大陆隆是位于大陆坡与深海平原之间的、向海洋缓斜的巨大楔状沉积体。亦称大陆裙，是大陆边缘的组成部分之一。

4. 洋盆

洋盆位于大洋中脊与大陆边缘之间，它的一侧与中脊平缓的坡麓相接，另一侧与大陆隆或海沟相邻，约占海洋面积的45%。其中又可细分为：深海平原、深海丘陵、海台、海山、海沟和洋中脊。

海岭又称海脊，有时也称"海底山脉"。狭长延绵的大洋底部高地，一般在海面以下，高出两侧海底可达3000～4000米。位于大洋中央部分的海岭，称中央海岭，或称大洋中脊（图3-4）。它从太平洋东部指向西南，从澳大利亚南部转向西北，以人字形穿过印度洋，到非洲南部，折转北上大西洋，从中间蜿蜒而过，终止于格陵兰岛东南部。现在已经知道：洋盆，是多金属结核诞生地；海山，是富钴结壳富集区；大洋中脊则是海底热液硫化物的主要产生区。

图3-4　大洋中脊

三、深海是人类的聚宝盆

1992年联合国环境与发展大会通过的《21世纪议程》指出：海洋是全球生命支持系统的一个基本组成部分，也是一种有助于实现可持续发展的宝贵财富。国际海底区域（简称"区域"）面积约2.517×10^8平方千米，占全球海洋总面积的65%、地球表面积的49%，区域内蕴藏着丰富的矿产资源，目前发现的主要有多金属结核、富钴结壳、热液硫化物等多种金属矿资源（图3-5）。

图3-5　多金属结核

（一）多金属结核

多金属结核，又称锰结核，是由包围核心的铁、锰氢氧化物壳层组成的核形石。多金属结核分布于水深4000～6000米的海底，含有70多种元素，其中镍、钴、铜、锰的平均含量分别为1.3%、0.22%、1%和25%。据估计，全球大洋底的多金属结核资源量达3万亿吨，而且还以每年约1000万的速度增加。其中太平洋的结核量达1.656万亿吨，含锰2000亿吨、镍90亿吨、铜88亿吨、钴58亿吨。位于东太平洋海盆内克拉里昂、克里帕顿两断裂带之间的区域（Clarion-Clipperton Zone，简称CC区）被认为是最具商业开采前景的第一代多金属结核富矿区，约有559亿吨。

（二）富钴结壳

富钴结壳，又称钴结壳。分布于海山表面，水深一般为800～3000米，富含钴、镍、铂、稀土等金属。富钴结壳金属钴含量可高达2%，是陆地最著名的含钴矿床中非含铜硫化物矿床含钴量的20倍；贵金属铂含量也相当于地球上地壳含铂量的80倍。若与我国东太平洋海盆大洋多金属结核开辟区相比，其钴含量高3～4倍，铂含量高10多倍，海底面覆盖率高3～4倍，单位面积重量高4～6倍。据不完全统计，太平洋西部火山构造隆起带上，富钴结壳矿床的潜在资源量达10亿吨，钴金属量达数百万吨，经济总价值已超过1000亿美元。

（三）海底热液硫化物

主要分布于大洋中脊和弧后盆地扩张中心，富含铜、铅、锌、银、金等多种金属元素，水深范围从数百米到4千米，以2千米左右水深为主，具有矿体富集程度高、成矿过程快的特点。已经报道的世界洋底中各种类型的热液活动区和热液异常约280个。在巴布亚新几内亚领海内利希尔岛附近的锥形海山是迄今发现的金含量最丰富的热液硫化物矿床（图3-6）。

图3-6　海底块状硫化物矿藏

四、世界诸强竞相深海拓疆

世界强国对于某些特定地点的深海争夺，已经成为国际政治的热点问题。这些具有特别意义的深海海床遍布四大洋，在一些国际战略家眼中，它们早已被贴上这样或那样的标签，比如"大国战略要点""未来海底要塞""新能源要地""科技资源仓库"等。早有科学家预测，"深海"这片迄今为止人类知之最少的"科学盲区"，将成为继太空之后下一个关系到人类社会发展和政治格局的重要地域。而实际上，或出于政治目的，或着眼经济利益，或本着科研精神，世界强国早已开始了一场关于夺取未来战略制高点的深海暗战。不断开拓新的疆界，历来是各国、各民族夺取新的生存发展空间，获取新的能源、资源，夺取对其他国家军事战略优势的重要途径。

（一）人类发展的需要

资源、能源、环境三大危机早在20世纪中叶，就被国际上一些有战略眼光的科学家提了出来。那时多数人还在持观望态度，随着时间的向前推进，人们的认识在逐步加深，到今天已经成为不争的事实。随着陆地矿产资源日趋枯竭，世界各国对这些资源的关注度与日俱增。联合国注意到这一事实，为了避免在纷争上使用武力和战争，联合国通过各国和平协商和谈判的方式，制定了一部《联合国海洋法公约》（以下简称《公约》），1982年4月正式出台，同年12月包括我国在内的117个国家和实体在《公约》上签了字，接着于1983年3月成立了国际海底管理局和国际海洋法法庭筹委会，两者均属于联合国的分支机构。《公约》确认了世界各国对海洋资源开发的权利和义务，创立了解决国际争端、防止冲突、促进和平和安全的法则，是联合国一项历史性成果。

（二）海洋领域内的竞争需要——神秘海床的争夺之梦

在全球广袤的海底世界，目前最吸引人眼球的莫过于北冰洋深处的那一片引得多方垂涎的神秘海床。俄罗斯潜入北极海底"插旗"，美国破冰船驶往北极海底测绘，加拿大在北极举行海空联合军演，丹麦科考小组到北极收集地质数据，挪威学者抵达海克尔海岭"寻找微生物"——就这样，一点点全球变暖的触动，让自恐龙时期便保存完好的资源和有利可图的航道闯进了人们的梦想，可各国争夺的却在洋面之下。更耐人寻味的是，在温室效应"入侵"政治之前，《联合国海洋法公约》曾被束之高阁几十载，而如今，那些想赶在世界被气温改变之前率先"染指"北极的国家，却将它奉为圭臬。悲观主义者认为，一种可能的结果是北极闹剧将会愈演愈烈，甚至扩展到其他海域（由然，2012）。

这些关于海洋及海底利益的冲突无论是政治的、经济的还是军事的，归根到底是科技的竞争。而海洋科技竞争之焦点在于深海技术。

深海技术是实现国家海洋科技战略的重要技术保障，深海海洋竞争是以高科技为依托，是海洋科技水平和创新能力综合的体现者；是各种通用技术和现代最新技术在深海大洋这个特殊环境中的应用。

深海技术主要表现为：海洋立体观测技术，水中及水底的声呐观测和海底机器人观测技术，载人深潜器技术，海底观测站，海底隧道和海底电缆等水声通信技术，深海资源勘探与开发技术（包括深海油气钻采平台技术，深海开发船技术），采矿技术，集输技术等。以上高科技技术涉及微电子、信息、遥感、材料、水声、可视化、计算机网络技术以及能源等众多学科和技术领域，可以说深海是当代各种通用技术和最新技术的综合演练场。

（三）国家安全的需要

中国拥有12海里的领海、24海里的毗连区、200海里的专属经济区和大陆架、1.8万公里的海界，具有极其重要的地缘政治、国家安全和经济发展意义。争夺海洋水域管理权、海洋资源归属权、海峡通道控制权，是保证国家安全与发展的重要使命。

国家安全的范畴不再局限于与军事相关的传统安全问题，而是日益涉及社会、环境、文化等非传统安全领域。深海技术具有军民两用的突出特点，如深潜器、海洋观测与探测技术、水声通信技术、船舶制造技术、无源导航技术、全球精确定位技术等。深海技术不仅是一个国家开发深海资源，确保国家海洋经济可持续发展的重点，而且也是确保国家海洋安全的屏障。

（四）重大科技理论的诞生点

当前，在海洋科学研究中，观测技术的发展特别是深海观测技术成为推动重大科学研究突破的关键。

深海钻探计划（DSDP）及大洋钻探计划（ODP）历时30余年，取得了举世瞩目的重大科技成就，验证了海底扩张和板块学说，建立了古海洋学，深入开展了古环境研究，发现和采集到了天然气水合物，发现了海底块状硫化物矿床，发现了海底深部生物圈等。

（五）生产安全的需要

把勘探与生产系统放到海底，是深海油气、矿产和生物等资源开发的必然趋势。经过30多年的发展，海洋油气开发技术水平突飞猛进。这使得海洋油气资源开发不断从浅海向深海拓展，世界深海油气田钻采水深纪录被不断刷新。1999—2001年的三年间，钻采水深从2693米增加到了2953米。同时，我国海洋油气开发也从近海走向南海等深海水域。据介绍，南海石油地质储量在230亿~300亿吨之间，有"第二个波斯湾"之称。在水深650~1500米的南海白云凹陷，有望发现更多大型油田。

油气生产系统从水面向水下与海底转移，克服了浮式系统面临的深水恶劣环境条件、风险及高成本等困难。目前，主流的深海和超深海油田越来越多地采用水下生产系统，仅2003—2007年，全球安装了1600多个水下井口树。未来的水下生产系统将针对传统的水面操控、二元作业方式的局限性及新需求，采用固定或航行式载人深海空间站。这是在载人潜水器基础上发展的新一代居住型深海作业平台，可自主远距离航行或驻留海底，潜深数百米至3000米，排水量数百吨至数千吨，载员数人至数十人，自持力为15～90昼夜。

第二节　海底采矿技术

海底采矿已有一段历史，如英国从1620年起就开始了海底采煤，但在20世纪60年代以前，海底采矿的规模小、范围窄、离岸近。60年代以后，受到了人们的重视，特别是海底石油和天然气的开发有了较快发展，深海锰结核和热液矿床的开发也有迅速发展的趋势。目前，全世界从海底开采出来的矿物产值以石油和天然气占首位，达总产值的90%以上；其次是煤，占3%～5%，沙砾和重砂矿占2%左右。中国目前正在开采的海底矿物有建筑用的沙砾和钛铁矿、锆石、独居石、磷钇矿等重砂矿以及石油和天然气等，也已从太平洋底取得了一定数量的锰结核。

一、海底矿产资源分类

海底矿产资源种类繁多、状态各异、分布广阔、埋深悬殊，开采的方法和使用的装备也不尽相同。海底采矿技术一般分表层矿开采和基岩矿开采两大类。

（一）表层矿

大都呈散粒状或结核状，存在于海底各类松散沉积层中，例如分布在海滨的磁铁矿、钛铁矿、铬铁矿、锡砂、锆石、金红石、独居石、金、铂、金刚石等重砂矿和沙、砾石等；分布在近海底的磷灰石、海绿石、硫酸钡结核、钙质贝壳和沙、砾石等；分布在深海底的多金属结核、多金属软泥、钙质软泥、硅质软泥、红黏土等。

（二）基岩矿

是指存在于海底岩层和基岩中的矿产，如非固态的石油、天然气和固态的硫黄、岩盐、钾盐、煤、铁、铜、镍、锡、重晶石等。

在开采海底矿产之前，须查明所采矿床的分布范围、面积、埋深、储量、品位以及当地自然条件和海陆运输能力等。在此基础上，根据矿产的形态选择合适的开采方法、装备和设施。

二、海底表层矿产开采技术

（一）海滩、近海海底矿的开采

露出水面的海滨砂矿，通常采用露天开采方法。陆地上使用的挖掘机械，如拉杆电铲、钢索电铲、推土机等都可用于海滨砂矿的开采作业。水面以下砂矿床的开采，使用的采矿工具有4种：链斗式采矿船、吸扬式采矿船、抓斗式采矿船和空气提升式采矿船（图3-7）。

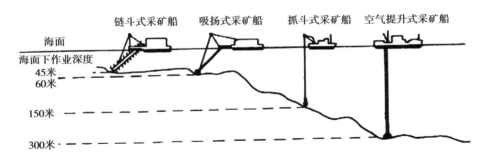

图3-7 开采近海海底沉积矿的采矿船

前三种采矿工具的构造和工作原理与挖泥船类似。第四种空气提升式采矿船装置由气管、气泵和吸砂管等部分组成：气管与吸砂管的中部或下端相连通，作业时将吸砂管下端靠近砂矿床，启动气泵，压缩空气使吸砂管内产生向上流动的掺气水柱，从而带进砂矿固体颗粒，连续压气就可达到采矿的目的。这种装置的缺点是作业水深增加时，压缩空气的成本费呈指数倍增长。

此外，1970年以后还发展了一种海底爬行式采掘机，可以载人潜到海底作业，所需空气和动力由海面船只供应。如意大利制造的C-23型潜水挖沙机的作业水深达70米，能在海底挖掘宽5米、深2.5米的沟，每小时前进140米，挖沙230立方米。

（二）深海表层矿开采

目前，在深海矿产资源开发技术上处于世界领先水平的主要是美国、日本和欧洲一些国家。深海矿产资源多分布在四五千米的深海底，对它的调查、探测和钻探是一项费时而又见效缓慢的工作，而它的开采更是一项涉及诸多环节的系统工程，不仅涉及地质、气象、机械、电子、采矿、运输、冶金、化学以及海洋工程技术等诸多学科，而且多金属结核赋存于强度极低的软泥，富钴结壳产自海山山脊，在这种数千米水深、承受海流和风浪流影响及海水腐蚀的环境下作业，条件十分恶劣，开采技术难度很大，这就对开发技术提出了很高的要求和需要较长的周期。目前世界各国普遍采用的开采技术主要是以下三种：

1. 流体提升式采矿技术

这是世界各国研究试验的重点开采技术。根据提升方式的不同，可分为水力提升和空气提升。

（1）水力提升系统。水力提升系统由海底集矿装置、高压水泵、浮筒、采矿管四部分组成。采矿管挂在采矿船和浮筒下，起输送锰结核的作用。浮筒安装在采矿管上部15%的地方，其中充以高压空气，起支撑水泵的作用。高压水泵装置在浮筒内，通过高压使采矿管内产生高速上升水流，使锰结核和水一起由海底提升到采矿船上，集矿装置起着筛选、采集锰结核的作用。水力提升式采矿法是深海锰结核开采中较具发展前景的采矿方法，该方法是用各类水泵（目前比较成功的是砂泵）将海底集矿机采集的锰结核通过管道抽取到采矿船上（图3-8）。提升管道中的流体是锰结核固液两相流，当固液两相流流速大于锰结核在静水中的沉降速度时，锰结核就可能到达海表采矿船上。

在1978年OMI采矿海试中，便

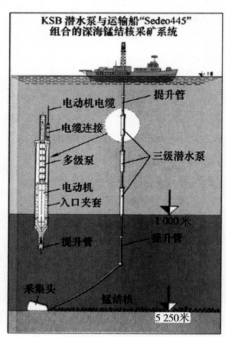

图3-8 深海水力提升技术

是使用这三台电泵成功地将数百吨锰结核从水深5200米的海底输送至水面采矿船上，验证了该泵型用于深海矿物输运的可行性，但也发现了有待解决的泵磨损问题。后来，德国KSB公司采用具有离心泵和轴流泵双重特性的混流泵作为提升泵的泵型，研制了三台6级潜水扬矿电泵，其泵流量为500米³/时，每级扬程50米水柱，泵电机外壳环形流道的过流断面为75毫米×75毫米，通过最大结核粒径为25毫米。

（2）空气提升系统。空气提升采矿技术与水力提升大体相同，区别仅在于船上装有大功率高压气泵代替水泵。高压气泵装在船上，采矿作业时，首先在船上开动高压气泵，气泵产生的高压气流通过输气管道向下，从采矿管的深、中、浅三部分输入，在采矿管中产生高速上升的固、气、液三相混合流，将经过集矿装置的筛滤系统选择过的锰结核提升到采矿船内。该技术的系统构造较为复杂，造价昂贵，但其优势是能在水深超过5000米的海区作业。以上两种采矿系统目前均已具有日产10000吨锰结核的采矿能力。

2. 海底机器人采矿技术

这是根据机器人技术研制的深海锰结核采矿系统，由很轻但强度很大的材料制成。下水前装满压舱无自动下沉，触底时，机械释放系统动作，在弹簧拉力下自动抓取样品，采满后网袋闭合，同时释放压舱物，按程序自动上浮到一个半潜式水上平台中，卸载后装上压舱物重新工作（图3-9）。法国研制的新型PKA2-6000深海多金属结核采矿系统，可以高速航行，自动下潜到6000米海底采集锰结核矿，并能沿海底航行，然后按自控程序输送至海面采矿船上。该系统还包括海上支援设备（6000吨半潜平台）和一条5000米长、400毫米直径的复合材料管道。管道总重800吨，管道底部有一个中间站，其上有一条6000米长的软管在海底移动，收集锰结核。安装在管道上的液压泵将结核矿升举到水面。该系统具有不受波浪、气候影

图3-9 飞艇式潜水遥控车采矿
1-浮力罐；2-操纵视窗；3-贮矿舱

响和不破坏环境的特点，是一种很有
发展前途的深海采矿技术。

3. 拖网斗采矿技术

这是最简单的一种开采海底锰结
核的方法，由采矿船上安装拖网斗构
成（图3-10）。这种拖网斗可按自由
落体的速度降到海底，系在拖网斗上
的音响计可以提示操作者拖网斗何时
到达海底。拖网斗能横越海底拖动，
直到装满结核矿后将它取回。拖网斗
上还装有电视摄像装置，以指导拖网
斗的装取工作。

图3-10　拖网斗采矿技术

三、海底基岩矿开采技术

1. 非固态的石油和天然气开采

使用的开采工程设施主要为固定式平台，在平台上钻井采集到油（气）后，
通过输运系统送往岸上；水深较浅处也有用填筑人工岛进行钻井采油（气）的；
而在水深较大的海域，多
应用浮式平台或海底采油
（气）装置进行开采。

2. 固态的煤、铁、
锡等基岩矿开采

一般都从岸上打竖井，
通过海底巷道开采；也有利
用天然岛屿和人工岛凿井开
采的（图3-11）。使作业巷
道与海水隔绝，从而与开采
陆地同类矿藏的方法基本相
似，所用机械设备也完全一
样。不同之处是海底洞、
坑采掘多采用非爆破掘进

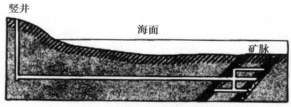

（a）从岸上打竖井挖巷道

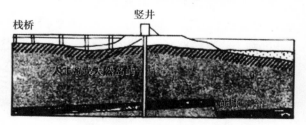

（b）利用天然岛屿或人工岛打竖井

图3-11　海底固态基岩矿开采方法

法，因此影响采矿速度。但自20世纪70年代后，非爆破掘进速度已提高到每小时4.6米，这些采矿业有可能向远离海岸的海区发展。

3. 海底硫黄矿开采

通常采用井下加热熔融提取法，先把加热到350华氏度的海水用泵从边导管注入硫黄矿层，使融化的硫黄液从内套管上升至一定高度，然后用空气提升法采收。

4. 海底钾盐矿和岩盐矿开采

由于钾盐和岩盐也是可溶性矿物，也可用溶解采矿法。其技术原理与开采硫黄矿相同，但一般都采取竖井开采。

5. 海底重晶石矿开采

正在开采的美国阿拉斯加卡斯尔海滨矿离海岸1.6千米，矿脉在海底表土下15.2米。由于覆盖层较薄，所以采取了水下裸露开采法进行水下爆破，然后用采矿船采集炸碎的岩石。

四、热液矿开采技术

热液矿开采技术有望进一步突破。热液矿床有块状和泥状两种。对于块状，由于分布集中、矿石硬度高、密度大，需采用自动控制的海底钻探，然后在钻孔内爆破，炸碎矿体，随后采用与采集锰结核类似的方法，用集矿机和扬矿机输送到水面进行加工。美国目前就在研制这种适合在海底热液采矿船上使用的自动钻探爆破采矿技术，用于开采3000米深海底的热液矿。系统由爆破装置、矿石破碎机、吸矿管以及采矿船、运输船、钻探供应船等组成，计划2020年投入生产。对于泥状热液矿，需要在采矿船下拖一根数千米长的钢管柱，在钢管柱末端安装一个抽吸装置，内设电控摆筛，使黏稠的软泥变稀，并使抽吸装置进一步穿透泥层，通过真空抽吸装置和吸矿管将软泥矿吸到采矿船上。这种方法已经进入商业性应用阶段。总之，随着世界各国对热液矿的开采，热液矿开采技术有望得到进一步突破。

海底石油和天然气主要分布在大陆架、大陆坡和边缘海盆地，其中石油被称为"工业的血液"。随着陆上油气资源的日渐减少，开发和利用海洋油气资源正逐步成为人类缓解能源紧张的重要途径。目前世界海洋石油开发的热点区域有：墨西哥湾、北海、阿拉伯海、巴西沿海、西非沿海和中国南海。世界海洋石油生产大国有：美国、英国、挪威和中国。

（一）海底油气开采技术

1. 勘探

在海里探寻石油，科学家们主要依靠地震波。地震波可以穿透地层，在不同的介质中传播，而且传播的速度还不一样。科学家们在海面上向海底发射一种人工地震波，它们经过海底地层中不同层面的反射，提供给科学家们不同的反射波信息。在接收到这些反射波信息之后，科学家们通过各种仪器，对这些信息进行记录，并及时传送到陆上的数据处理中心，经过大型计算机处理，将信号中的杂波过滤掉，产生海底的直观地震剖面图。通过对剖面图的分析，科学家们就能够非常清楚地了解哪里有油层，并且油层到底有多厚了。这样一来，科学家们不用亲身下海，就能够了解海底的情况了。

2. 开发

（1）海上钻井平台。我们经常会在电视上看到海上"钢铁巨人"高举浓烟滚滚的火把的壮观场面。这位"钢铁巨人"就是海上钻井平台。这种用于钻探的海上平台状结构物上装备有钻井、动力、通信、导航等设备，以及安全救生和人员生活设施，是海上油气勘探开发不可缺少的手段。

海上钻井平台主要分为自升式和半潜式两种（图3-12）。自升式钻井平台对水深适应性强，工作稳定性良好，工作时桩腿下放，插入海底，平台被抬

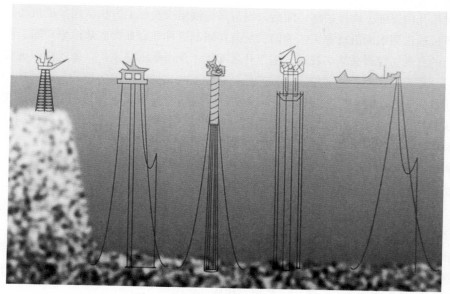

图3-12　各种钻井平台示意图

起到离开海面的安全工作高度，并对桩腿进行预压，以保证平台遭到风暴时不致下陷；半潜式钻井平台上部为工作甲板，下部为两个下船体，用支撑立柱连接，工作时下船体潜入水中。半潜式钻井平台与自升式钻井平台相比，优点是工作水深大，移动灵活。

（2）"海洋石油981"深水半潜式钻井平台。中国首座自主设计、建造的第六代深水半潜式钻井平台"海洋石油981"由中国海洋石油总公司全额投资建造，最大作业水深3000米，最大钻井深度可达10000米，其先进技术和功能创造了6项"世界首次"、10项"中国国内首次"，该平台的建成标志着中国海洋石油勘探开发能力从浅海走向深海的历史性跨越。

2012年5月9日，"海洋石油981"在南海海域正式开钻，是中国海洋石油总公司首次独立进行深水油气的勘探，标志着中国海洋石油工业的深水战略迈出了实质性的步伐（图3-13）。

图3-13 "海洋石油981"钻井平台

（二）新的希望——可燃冰

可燃冰是一种被称为天然气水合物的新型矿物，是在低温（0℃~10℃）高压（50个大气压以上）条件下，形成的像冰一样的、保存在海底沉积物中的固态可燃烧物质，其形成地点必须是在深海500~1000米以下的岩石层中。可燃冰普遍存在于海洋中，目前全球已经探明可燃冰的总储量是陆上石油资源总量的百倍以上。科学家估计，目前海底可燃冰的储量足够人类使用1000年，按照目前全球石油的消耗速度，在50~60年之后，地球上的石油资源将会消耗殆尽，可燃冰的发现，让陷入能源危机的人类看到了新希望。

可燃冰是未来的新型高效的洁净能源，其中富含的甲烷化合物燃烧十分清洁，燃烧后所产生的二氧化碳仅是燃煤的1/4，如果世界各国均使用可燃冰作为燃料，地球的温室效应起码可以降低一半。

可燃冰的开发利用存在许多隐患。例如，甲烷气体如果不经燃烧直接排放，所产生的温室效应是二氧化碳的20倍。可以想象，如果海底可燃冰未经燃烧就被释放出来，将给环境造成巨大的危害。另外，如果在开采可燃冰的过程中破坏海底沉积岩，就会诱发海底滑坡等地质灾害的发生。因此，开采深海可燃冰并非简单之举，某些外界条件改变后，可燃冰会迅速分解，后果非常严重。

第三节　深海空间的利用技术

海洋空间利用是人类为了满足自身发展的需要，把海上、海中和海底空间用作交通、生产、储藏、军事、居住以及娱乐场所的一种海洋开发活动。人类利用海洋空间已有相当长的历史，而海洋空间利用作为海洋工程技术提出来却是现代的事情。近年来，随着人类的不断探索和技术的进步，新的海洋空间利用层出不穷。海洋空间利用不再局限于沿海和近岸海域，已有人提出在深海大洋中建造海上城市的设想；海洋空间利用已从传统的海洋工程向近海和深海工程发展；由传统的海上交通运输，发展到在海上建起大型浮岛和各种海上、海底设施。海洋空间资源的开发利用，不仅扩大了人类活动的空间，同时也证明，人类不但可以居住在陆地上，也可以居住、活动于海洋中；人类不仅可以驾驭宇宙，而且也可以利用海洋。

一、海底军事基地

海底军事基地是在海底建造的用于军事目的的基地。

（一）基地类型

按照在海底的位置，海底军事基地一般有四种类型：

1. 海底山脉型海底基地

海底像陆地一样有起伏不平的各种地形，因此建立在海底山脉上的基地具有很强的隐蔽性。

2. 海底地下型军事基地

也就是在海底下面开凿的隧道或岩洞，基地内的气压为标准大气压，这种海底基地也叫"岩石基地"。海底上有厚厚的海水阻隔已相当隐蔽了，再深入到海底之下的地层，那就更难以被敌发现（图3-14）。

3. 海底悬浮基地

这种基地采用现场安装金属构造物，或者把建好的金属构造物放到预定的地点的方法，又叫"水下居住站"。其室内的压力有两种，一种为高压型，相当于海底处所受的压力；另一种为标准型，相当于海面的压力。这种基地的武器装备大都是利用锚索或固定在海底的，使武器装备悬浮于海底之上。这种基地要考虑海底底质和海流等因素对武器装备冲移的影响。

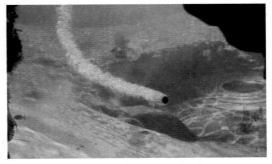

图3-14　海底地下型军事基地

4. 活动的海底基地

美军已在水深900米的洋底建立了借助深水装置固定的作战基地，并准备将部分基地设在大西洋山脊的峭壁上，以便进一步完善深水洋底的基地网，适应海底战场作战的需要。俄罗斯正在研制一种威力巨大的水泥潜艇，以建立深海基地。这种水泥潜艇能沉到迄今为止人类还不可能达到的深度。

常规潜艇中最坚实的只能下潜到1800英尺（1英尺＝0.3048米），但水泥潜艇靠自身重量能下潜到最深的海底。在那里它寂静无声，它的水泥船体和寂静无声的推进系统将使得声呐无法发现它。

这种基地的好处是，根据形势的变化和作战需要，能随时移动位置，机动性强，有利于隐蔽、安全地作战。这种基地可以坐落于海底，但要注意坐落稳定，起浮迅速。此外，海底军事基地也各有差异，就其造型而言，有圆球形、圆柱形和椭圆形等，其中最多的是圆柱形。由于海底，特别是深海海底的压力大，圆柱形海底基地采用耐高压的耐压钢球，有的是把许多耐高压的钢球连接起来，球壳与球壳之间有通道相通。通道口上装有水密门，可根据需要随时打开和关闭。球壳上有安全观察窗，可随时向外观察。还安装有水下照明灯和水下电视机，水下机械手可以灵活地操作。水面和海底之间有专用的潜航器往复运输，帮助海底军事基地人员回到海面，以及进行食物、器材的补给或输送新的设备和装备。为使水面上的设施和基地之间经常保持联系，海底基地上装有通信声呐。

（二）基地功能

按照不同的军事用途，建立在海底的军事基地具有如下四种功能：

1. 对潜艇进行海底武器、燃料和食物补给

海底补给站可以快速地补给海战武器、燃料、食物、装备等物资，不论在平时还是战时都是海底军事基地所需建立与必需的。平时，它可以储存武器、弹药、燃料、食物等军需物资；战时，水下潜艇、水下航空母舰可以在这里得到及时补充，无须返回基地来补给，这就大大提高了水下舰艇的作战能力，延长水下活动时间。当然，海底补给站一般都建在不受海面自然状况的影响、风平浪静的海底。这样可以安全、隐蔽地进行各种补给。

2. 进行海底侦听

进行水声探测，跟踪敌方舰艇、核潜艇动向；在海底布设次声波接收器，监视敌方海底武器试验，如水下爆炸等；还可利用海底侦听站收集海洋的水文资料（图3-15）。

3. 海底兵工厂

海底兵工厂较之陆上兵工厂有着无法比拟的优越性与安全性，可

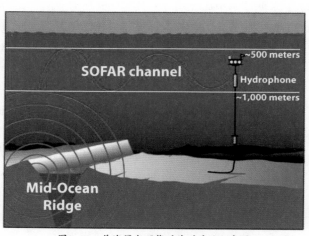

图3-15　美海军水下侦听阵列系统示意图

以避免像陆上武器制造厂、装备制造厂在战时成为敌方战略攻击的目标；即使建设在山区或大后方的兵工厂，也难免遭受敌方远程导弹的攻击。许多武器的零部件，舰艇的分段船体，可先在陆上兵工厂建造，再转到海底兵工厂组装。海底兵工厂制造的武器、装备，可储存在海底补给站；海底兵工厂组装的舰艇，可在水下直接航行而无需试航。

4. 直接作为海底鱼雷、水雷和导弹发射基地

目前，美国和英国都正在建立这样的海底导弹基地。海底军事基地具有得天独厚的隐蔽性。由于现代卫星遥感技术的发展，陆地上的军事基地很难逃脱卫星的"眼睛"。但是，由于电磁波在水下的传播衰减，使得卫星遥感很难到达海底，特别是深达数百米或数千米的深海海底。因此，世界上一些军

事强国都在不断地探索、研究和建造各种深海军事基地，在深海海域建立有人控制的反潜基地和作战指挥中心等军事设施（图3-16）。有的海底基地可以设置在2000米深的深海海底，从而可以使沿海边防线向前推进200海里。

图3-16　美军"鸬鹚"潜射无人机测试模型

　　目前，美国建造的海底军事基地最多，美国从20世纪60年代就制订了建设海底基地的军事计划，并相继完成了"海底威慑计划""深潜系统计划""海床计划"等，建立了一系列的海底军事基地。例如，美国建有一种陀螺形的"水下居住站"，可供5个小分队在2000米深的深海海底持续工作20天。这种海底基地从大西洋到太平洋海底都有布设，可作为水下指挥控制中心、水下观测站和水下补给基地使用。另外，美国还建成了能容纳几千人的海底军事隧道，并正在建造一些浅海大型海底基地。如在加利福尼亚以南60海里的圣克利门蒂岛附近的海底，建有核武器试验场，供"北极星""海神"等导弹试验及"水下居住实验室"试验用；在佛罗里达的迈阿密东南50海里的海底，建有"大西洋水下试验和评价中心"，供潜艇和水下武器试验用。

二、深海空间站的和平利用

　　进入新世纪，海洋成为国际科技、经济、军事竞争的焦点，美俄把深海空间站研制与应用的战略目标转向能源资源、国土权益、科研环保，力图维护其在这一领域的先发优势。美国积极发展军民两用深海作业装备技术，进而建造功能更强大的通用型深海空间站。

（一）居住

　　日本清水建设公司最近设计了一个名为"未来深海之城"的方案（图3-17），这个奇异的方案利用地球最后的疆域——深海，设计一个未来的深海殖民地，最多可容纳5000多人居住，深达50米，建筑在提供了城市大部分的住宿的同时，还提供了深海的风景。该方案指出这个"深海球体"比现状陆地更安全、更舒适，因为海洋温度恒定，不受台风与地震影响，城市能够利用地球大气层中的高浓度氧气维持生计。深海具有无限潜力，可以通过渔业提供食物，通过海洋热流提供能源，通过淡化海水提供饮用水。

图3-17　球体城市构想

该项目还将提供更多关于深海环境与海床研究的设施。圆球里的大型中心柱提供了城市大部分的住宿，从顶部到底部分别为酒店、零售及公共设施、家庭住宅区、办公室、公寓以及底部的研究设施、实验室等。中心柱的周围是公共空间，能让居民欣赏深海风景。

平日，如果天气晴朗，球体则漂浮于海面，它可以伸出海面吸收阳光；每当遇到恶劣的天气，球体将会潜入海底城市的螺旋形通道中心（图3-18）。螺旋形通道的中间还配置了发电站和深海探查艇的补给基地。还可以通过微生物把二氧化碳转换成甲烷，用甲烷燃料进行发电进行能源补充。

图3-18　螺旋形通道

汪品先说："未来，海洋探测技术的方向应该是把观测结果带回来，而不是把生物样品带回来。"以汪品先最先在国内提出的海底观测网为例，该系统实际上就是把陆地实验室搬到了海底，能长期连续实时原位地观测海底以下地震、地壳内流体和生物等的活动。科学家通过声学设备、水下质谱仪、微型基因组探头以及海底井下实验装置、海底化学与生物学实验室等，来监测海底地震，观测海底海洋及其生物地球化学过程，实现实时观测。而且，利用海底光缆，人在陆地就能接收这些海底的海量数据。

发展怎样的载人深潜器及其作业体系取决于任务使命的需求。深海空间站的定位在于既提升深海资源环境探测能力，又增强深海开发与工程作业能力。它是世界上高技术大型"有人装备"与前沿"智能无人技术"的高度结合体，代表了深海载人技术与信息技术、智能技术高度融合的发展方向。

这就决定了深海空间站有着鲜明的技术特点。它不以下潜深度为主要技术指标，而是突破了载人潜器"仅数小时观察探测"的限制；通过携带功能广泛的作业潜器与工具，能在比潜艇深得多的水下完成迄今为止难以胜任的深海作业任务；不同于水面操控进行深海探测与开发的方式，它潜于深海进行操控作业，不受水面海洋平台及科考船所遇到的海面恶劣风浪环境的影响。

中国建立海底空间站还有一些关键环节，可能比建立太空空间站的难度系数还要大。因为几千米海底的环境主要是低温和高压；海底的压力非常大，可能有几百个大气压，空间站的舱门要承受那么大的气压，从承压和密闭性上来讲，目前都很难达到。如何从海底空间站自由进出，就是一个棘手的问题。所以海底空间站外壳制造是一项涵盖材料设计、超大厚度板材制备、球壳整体冲压、大厚度钛合金电子束焊接等跨领域的系统性工程，具有很大的技术挑战性。它的设计、选材和制造代表着一个国家载人潜水器的技术水平。

即使如此，中国建立海底空间站也势在必行。据《科技日报》报道，1917年1月，科技部部长万钢在全国科技工作会议上介绍，深海空间站计划已经列入我国"科技创新2030—重大项目"，而且项目实施方案编制全面启动（图3-19）。未来中国深海空间站将包括能够长期水下部署的大型多功能载人平台、深海穿梭潜艇、小型载人深潜器等多种装备。时至今日，海洋已经是世界军事与经济竞争的重要领域，已经成为各国维护国土安全和国家权益的主战场。现在许多深海装备技术呈现出良好的军民共用性。例如载人和无人潜航器技术、深海探测技术、深海通信技术等既可服务于民用领域，也可用于军事目的。

图3-19　中国未来海底空间站构想

（二）海底采油

采用海底钻井，油气直接来自海底井口装置。然后通过设在海底的油气收集、转输站，在站内汇合后送往中心平台。海底井口、海底油气采集站的使用，可减少海洋平台的建设费用，是经济开采海洋边际和深海油气站的重要途径（图3-20）。

图3-20　深水油气开采海底工厂系统取得重大进展

（三）独特的海底交通

运输工具也在不断出现着。诸如德国工程师设计的海底汽车，在海中可行驶两小时，时速达7000米；法国设计的海底汽车，可在海底30米深处航行。日本设计研制的海底火车，为水陆两栖火车，陆上时速200千米，水下时速35千米；英国科学家研究的世界上第一架海底飞机"深海飞行器一号"，最高时速达24.2千米，可以滚着前进，不像潜艇需沉浮水箱，而是像飞机一样直接升降。此外，海底摩托车、海底轮船也在研制成功并出产着，既可在平时使用，也可在战时发挥作用。

（四）载人潜器是深海空间站的基础

目前，国际上深海运载平台分为"无人"和"载人"两大类。

由于深海通信、目标识别、实时决策、作业操作、事故处理更为复杂，载人运载平台将发挥不可替代的作用。其中，大型载人运载平台的发展方向是在深海空间创造前所未有的工作环境，提升人员进入深海并实施长时间、大功率的作业能力，取得海洋科学、经济、军事等方面的效益。深海空间站的雏形始于军事用途。据介绍，自冷战时期开始，为了增强控制深海的能力，美国和苏联就依托海底研制与应用深海作业平台，十分重视发展深海军用探测与无人作战系统，后来，这些技术在民用海洋科学研究中更是发挥了重要的作用。这些典型装备包括美国的"NR-1"深海作业平台、俄罗斯的深海核动力工作站等。

2008年，美国宣布新建千吨级"NR-2"深海空间站。与"NR-1"相比，"NR-2"除了履行军用使命外，还承担了海洋工程安装、维护和维修等九类民用使命任务。俄罗斯针对拓展海洋权益与开发北冰洋油气资源的需要，加快研制通用型与专用型千吨级深海空间站。2003年，俄罗斯研制出新型2000吨级通用型深海空间站。2006年，俄罗斯提出研发北冰洋油气开发六类专用型深海核动力工作站的设想。2013年，俄罗斯开始新建一艘通用型深海空间站。此外，挪威也从2012年开始加快了深海工作站的研发步伐，目前该国的海洋科技研究院正在研发"北冰洋水下工作站"。

深海空间站还成为支撑海洋与大陆架主权争议的手段。2012年9月底，俄罗斯利用AS-12深海核动力工作站进行20天的"北极2012"考察活动，获取500千克大陆架岩样，证明莱蒙诺索夫和门捷列夫山脊属于俄罗斯大陆架，以支撑俄罗斯对北极大陆架主权申诉与军事控制。

由此可见，拥有很强的深海作业能力已成新世纪海洋强国的战略取向。在21世纪世界关注的焦点转向海洋时，许多国家都把掌握深海装备技术，具备人员进入深海和工程施工的能力，作为取得海洋科技、经济、军事竞争战略主动权的重要举措。这些国家既聚焦满足当前战略需求，更着眼激发潜在需求，大力发展深海空间站技术及装备。

（五）我国奋起直追

国内关于未来海底空间站的设计规划从2006年就已经开始了。

2012年5月在第十五届中国北京国际科技产业博览会上，我国深海空间技术研发单位——中国船舶重工集团公司第702研究所，首次向公众展示了他们最新研制成功的我国深海空间工作站系统。

该工作站外形类似一艘小型潜艇，但工作潜深远大于一般的军用潜艇，可达1500米；采用电池动力，可在水下连续逗留15~18昼夜，水下航速4节，最大载员12人，正常排水量260吨级，长24米，可携带多种水下机器人（ROV）、大型多功能作业机械手、重型水下起吊装置等。

深海空间工作站将与水面平台（6000吨级母船，可拖带工作站，支持其长期水下作业）、穿梭式多功能载人潜水器（往返于工作站与母船之间，具备输送、维修、通信、救生等功能）构成"一主两辅"的三元深海作业体系。

中国自古就有"龙生九子"的传说，所谓"九子"，并非指龙恰好生九个儿子，而是以九来表示极多。那么蛟龙的第一个龙子会是什么样？将何时出生呢？中国造船工程学会副理事长、中国船舶重工集团公司原总工程师方书甲给出了答案。方书甲：我们已经启动了4500米的研制项目，深的地方有7000米。

日本搞的6500米的项目是两个在一个母船上相互支持的工作，我们是采用一个7000米、一个4500米，不同海域、不同海深，然后用不同潜水器去探测。

方书甲说，中国将很快开展4500米载人潜水器关键技术攻关工作，其中，载人球舱已于2015年完成研制，整个潜水器项目预计在2018年左右完工。其实很多人可能不知道，已经下潜7000米的蛟龙其实是个"混血儿"，不过，方书甲说，未来的遨游4500米的龙子绝对是地道的中国龙。

方书甲：我们7000米的耐压壳体是跟国外联合的，是我们设计国外加工的，这几年我们中船重工研究所已经把钛合金的壳体研制出来了，这样我们要考虑到国产化的问题。

深海空间工作站提上日程。人们在关注龙子的同时也没有忘记给蛟龙建个龙宫，深海空间专项办副主任马向能说："龙宫其实就是深海空间工作站。"未来的这个龙宫，不仅可以做到衣食无忧，而且洗澡、娱乐一应俱全。

马向能：250吨级的，长度在22米左右，宽度接近7米，高度在8米左右，未来的空间站，如果我们把它比做一架飞机的话，那深海空间工作站就像母舰一样。深海空间工作站就是个龙宫，把地面的房间搬到了水下，生活起居都要考虑，甚至沐浴，就是说起居室和实验室都要有。有点像蜗居的房子，就是在狭小的空间里尽可能把各种功能都考虑到。

未来将实现深潜器和深海空间工作站对接。天际空间站是航天领域的核心技术，同样，深海空间工作站也代表着海洋领域的前沿，马向能说，神九和"天宫一号"对接的场景，未来也是深潜器和深海空间站将要实现的一个长远目标。

马向能：我们深海空间工作站的母舰有点像"天宫一号"，"蛟龙"好像是神九，我们是有一主两辅，一主是深海空间工作站主体，两辅就是保障船，船上的人怎么上到空间站，肯定有个水下运载器，就是把母船上的物资带到空间站上去，这自然会有一个对接，这在未来都是要实现的，但是蛟龙现在走在前面，它不一定考虑到那么全的对接功能，以后可能不是蛟龙，可能是其他的，会与此对接。我也很期待，我希望退休之前20～30年可以实现，这可能需要几代人。

在陆、海、空、天四大空间，海洋是地球上远未充分开发的资源宝库。马向能说，尽管我们在深海空间站已经有了很大的进步，但追赶的空间还是很大。

马向能：深海空间站美国和俄罗斯早就有了，只是当时他们以军事目的为第一位，我们是继美俄之后有了自己的空间站的起步，我们只有10～15年，人家的作业功能非常强大，只能说我们在追赶。

不过，中国地质大学海洋学院副院长、海洋地学研究中心主任方念乔认为，目前，建立海底空间站的意义并不像太空站那么突出。

方念乔：太空空间站的失重状态，可以提供地面上难以达到的理想实验条件，而在海底的极端环境下，就没有这样的意义了。

方念乔说，几千米海底的环境主要是低温和高压，人类无法承受在那样极端的条件下生存或者实验。

方念乔：仅从技术难度上讲，建立海底空间站在一些关键环节，可能比建立太空空间站的难度系数还要大。

比如，航天员可以借助航天服从太空空间站自由出入，而如何从海底空间站自由进出，就是一个棘手的问题。

方念乔：几千米深的地方压力非常大，可能有几百个大气压，空间站可以建成球形或者椭球形的容易承压，但是空间站的舱门要承受那么大的气压，无论从承压还是密闭性上来讲，都很难达到。

继俄罗斯、美国、法国和日本之后，世界上第五个深海技术支撑基地——国家深海基地在青岛即墨竣工并投入使用（图3-21）。以后"蛟龙"号不必再从江阴出发，可以搭乘母船一同从青岛出发。基地建成后，将成为面向全国，多功能、全开放的国家级公共服务平台。国家深海基地坐落在青岛即墨市鳌山卫镇，占地面积390亩，海域62.7公顷，项目一期工程总投资5.12亿元人民币，建筑面积2.6万平方米。除"向阳红09"号船外，目前一艘新的4000吨级载人潜水器支持母船和一艘4000吨级大洋综合考察船正在建造中，未来它们都将停靠在国家深海基地码头。

图3-21　我国国家深海基地

第四章
水下工程

几千年来，我们祖先世世代代探索海洋的秘密，从朴素、幼稚的自然崇拜，一步步走向认识大海、开发海洋的大道。科学并非禀古人之烛，而是人类经过观察实践，在无极的时空中道出了永恒的独语。

从广义上说，在水体深处所有的人工建筑和行驶的人工工具（如潜艇）等都是水下工程。

有人把现代水下工程技术与航天技术相提并论，就是基于技术难度、投资强度和重要性来考虑的。水下的特殊环境，如水介质、高压、黑暗、风浪、水流和海水腐蚀等条件决定了水下技术的高技术需要。因此，现代水下技术实质上是集现代材料技术、现代控制技术、现代通信技术、现代生理医学和现代制造工艺于一体的高技术领域。由于技术和财力的限制，至今只有极少深潜器能够到达10000米以下深度的马里亚纳海沟。

第一节　潜水与潜水器

一、勇敢的潜水者

（一）深海潜水女王

席薇亚·厄尔（Sylvia Earle）（1935年至今）——使用水下呼吸器的先锋，享有"深海女王"的盛誉（图4-1）。

12岁那年，她开始潜水：头戴一顶铜制头盔，头盔与岸上一个空气压缩机相连。在水下20分钟，由于压缩机突然停气，她几乎死在水下。

图4-1　席薇亚·厄尔

17岁，她学会使用水下呼吸器，并喜欢在水下尾随鱼群。她主修植物学，更关注的则是海藻，后来成为墨西哥湾海藻系统研究第一人。

美国国家航空航天局为了试验人类在非正常的环境和拥挤空间中的生存状态，招募了一批人员试验在水下生存，她被选为其中一员。1970年，她带领一组女性科学家在一个水下舱中生活了2周，其间她记录了154种植物，其中，26种此前未被发现。

1976年，她成为加利福尼亚州科学院海藻馆馆长和生物学家，开始对座头鲸进行研究。她与座头鲸一起游泳，能够通过鲸鱼脸部、鳍状肢、尾部和下腹特征将它们区分。1979年10月，她穿着鱼服（和太空服相似，里面充气）（图4-2），创造了自由潜水381米的纪录。从那时起，更加先进的潜水器相继诞生。1984年，她乘坐"深海漫游者"（只能容纳1人的球形潜艇）下沉到水下914米处。1991年，她和日本科学家一起乘坐"深海6500"号3人潜水艇下潜到4000米深处。她在充满传奇色彩的60多次深海探测活动中共累计了7000多小时的水下工作时间，自1979年以来一直享有"深海女王"的盛誉，被美国国会图书馆称为"活生生的传奇人物"，被列入美国女性名人榜。美国地理学家协会将席薇亚·厄尔命名为终身探索者；生物学界，也将海胆和红藻以她的名字命名。她至今仍保持着多项潜水纪录。

图4-2　鱼服

（二）雅克—伊夫·库斯托（Jacques-Yves Cousteau）（1910—1997）——水中呼吸器发明者

雅克—伊夫·库斯托（图4-3），法国海军军官、探险家、生态学家、电影制片人、摄影家、作家、海洋及海洋生物研究者，法兰西学院院士。

1943年，他和液态空气工程师爱米尔·加朗合作完成了两项发明：一是水肺，二是单人潜水器。在潜水史上，这两项发明具有开创性意义（图4-4），它使得"蛙人"——自动潜水服诞生，也使他实现了梦寐以求的理想——潜到大海深处去。这位传奇人物在20世纪对海洋世界的探讨所做出的贡献与影响，无人可与之媲美。

为了试验人在水下的生存能力，他进行了"大陆架"试验：1962年，他在12米水深处建造了

图4-3　雅克—伊夫·库斯托

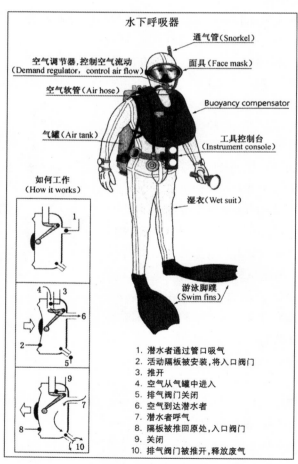

图4-4　水下呼吸器

一个移动房，里面住着2个轻装潜水员，一周之后证明，水下居住没有任何负面影响；1965年，他在地中海水下108米处，让6个人生活了28天，再一次证明人在水下生存是没有问题的。他的试验开创了人类可以在海底生存的新思维。

二、水下机器人

（一）水下机器人分类

现在人类对水下的作业主要依靠水下机器人，水下机器人按使用方式主要分为载人潜水机器人、无人自主水下机器人（AUV）和遥控无人水下机器人（ROV）等。

从水下机器人系统的发展历史来看，由于载人探测机器人具有极大的危险性，所以将人的安全保障放在首位，相应体积和重量都很大，必须配备复杂的运载、布放和救生系统，其使用受到很大的限制。

无人探测方面，由于深海探测机器人结构要承受深海的巨大压力，用于深海探测的机器人一般都是使用大型的AUV和ROV。其结构复杂、重量大，对各个部件的要求也非常高。

（二）浅水机器人特点

用于浅水水域的水下机器人系统不同于用于深海的机器人，一般都具有体积小、重量轻的特点，便于布放使用。浅水机器人一般由以下四部分组成：

（1）潜水器本体、运动和姿态控制系统。

（2）探测与处理系统。包括了照明、环境分析传感器、摄像机和声呐图像探测、数据处理、传输与显示，机械手及其控制等。

（3）动力系统。对于AUV是电池能源系统；对于ROV则是通过脐带电缆从水面控制台获得操作控制命令和动力电源。卷盘车和吊车，用于光电脐带缆的收放；所以ROV能够支撑复杂的探测设备和较大的作业机械用电，信息和数据的传递和交换快捷方便、数据量大。

（4）导航定位系统。即潜水器本体的定位与导航系统，一般采用短基线或超短基线位系统，有时还配备GPS系统用于远处的水面定位作为水下定位的补充。

ROV总体决策能力和水平远高于AUV。缆控潜水器的不足之处是电缆长度有限，潜水器活动范围较小，并且容易造成电缆水下缠绕故障，给使用带来不便，同时在繁忙的水道作业时，脐带缆易被其他船舶碰撞挂带造成失效或断裂。

第一艘遥控式水下机器人1953年就研制成功了，之后的20年中发展缓慢。20世纪70年代后，由于海洋工程和近海石油开发的需要，遥控式水下机器人才得到了迅速发展，目前已发展到数千艘，在国外已经实现了商业化。1991年，我国成功研制了第一台智能水下机器人，作业水深达到了300米，它背后有4个水平垂直推进器，行动自如，这种机器人的结构为单人常压潜水装具。

（三）深水机器人（深潜器）的发展

1. "的里亚斯特"（Trieste）号深潜器下潜11000米探秘最深海底

1960年1月20日，美国海军"的里亚斯特"号深潜器，在位于太平洋中西部马里亚纳群岛东侧的马里亚纳海沟，用了4小时43分钟的时间，创造了潜入海沟10916米的世界纪录。雅克·皮卡和唐·沃尔什乘坐"的里亚斯特"号深海潜水器，首次对成功下潜至马里亚纳海沟最深处进行科学考察。在9小时的任务中，两人只在洋底停留20分钟，并测量出下潜的深度为10916米。在8000米以下的水层发现仅18厘米大小的新鱼种。在万米深的海渊里，人们见到了几厘米长的小鱼和虾。这些小鱼虾，承受的压力接近一吨重，这么大的压力，不用说是坦克了，就是比坦克更坚硬的东西也会被压扁的。

"的里亚斯特"号深潜器是一个固定在储油器上的球型钢制吊舱。储油器中装满了比水轻的汽油，能在必要的情况下使潜水器浮出水面。下水前，把几吨重的铁砂压载装进特殊的储油罐中，在升上水面前，打开储油罐，甩掉压载。由蓄电池供电的小型电动机保证螺旋桨、舵和其他机动装置运转。这种类型的深潜器不能灵活运行，它如同"深水电梯"，观察人员潜到指定地点后就返回。

2. 日本"深海6500"号潜水器（载人）

全长9.5米、宽2.7米、高3.2米、重25吨，船内配备音响导航装置、超声波观测声呐、电视摄像机装置，还有新型机械手，用以采集样品。于1989年下水，下潜深度6500米。

3. 法国"鹦鹉螺"号潜水器（载人）

"鹦鹉螺"号潜水器长达8米，1984年下水，下潜深度6000米（图4-5）。

4．"和平1"号和"和平2"号潜水器（载人）

1987年苏联科学院海洋研究所建成载人深潜器"和平1"号和"和平2"号，最大下潜深度为6170米。

5．万米无人深潜器

1995年，日本的遥控潜艇"海沟"号出现在"挑战者深渊"，并创下10911米的无人探

图4-5 法国"鹦鹉螺"号潜水器

测的深度纪录，并再次发现了沉积岩心，拍到了许多生物照片，包括海参、蠕虫和虾。与"海神"号不同的是，"海沟"号必须依靠一根与水上船只相连的缆绳才能获得动力和得以控制。2003年，因与水面船只相连的缆突然断裂，日本的"海沟"号潜艇在一次潜水中神秘失踪。

6．首个探秘最深海底的机器人

2010年5月31日，美国伍兹霍尔海洋研究所研制的"海神"号机器人潜艇成功下潜11000米，探秘世界上最深的马里亚纳海沟（图4-6），也是有史以来抵达海洋最深处的第一个自动工具。之前只有两种由人操作的工具拜访过这个地方。

"海神"号能够远程控制，因此它比任何其他探索工具下潜得更深，同时还能进行拍照、采集海底样本。科研人员在海面船上通过纤维光纤光缆对"海神"号进行远程控制，"海神"号在海底探索时的实时视频数据和其他数据通过这根纤维光纤光缆传输。这种纤维光纤光缆的直径只有人的一根头发粗，由玻璃纤维制成。由于这种纤维光纤光缆很容易折断，其外部包覆了塑料保护膜。"海神"号携带了40000米长的纤维光纤光缆，下潜时会像滚轴上的线一样慢慢释放。"海神"号不仅

图4-6 "海神"号机器人潜艇

能够在科研人员远程控制模式下工作，而且能够以自泳式自动模式工作。

由于在10000米水深处的压力是地球表面的1000倍，因此"海神"号必须非常坚固抗压，设计人员用重量轻而且比较薄、能承受巨大压力特制的陶瓷材料，取代传统的建造潜艇的材料，如钛和玻璃。

设计人员在设计"海神"号时还摒弃了带缆潜艇的传统系链。传统系链一般由钢套筒、用于导电的铜和用来收集数据的光导纤维组成，但是设计人员表示，再坚固的传统系链也无法抵抗海底的超强压力，因为我们无法建造能下降到11000米深处不断裂而且还足够灵活、足够强韧的缆。因此，"海神"号没有传统的系链，只通过细细的纤维光纤光缆同控制人员通信联络。

"海神"号能执行预定的任务，绘制海底地图。它还能通过使用化学传感器、声呐和数字摄影找到特别重要的区域。

7. 中国奋起直追

（1）"探索者"号自制水下机器人，潜深1000米成功，1994年通过验收（图4-7）。"探索者"号是我国自行研制的一台预编程型自制水下机器人原理样机，潜深1000米，最大速度为3.2节，具有搜索海底目标和接近目标进行详细调查的能力。该机采用国产充油铅酸电池为动力，安装了7部声呐［多普勒测速声呐，成象声呐，短基线定位声呐，超短基线定位声呐、通信声呐（可传送视频信号）、防碰声呐和测扫声呐］。该项目在控制系统、载体系统、水面支持系统均采用了许多新技术，该项目是后来研制6000米自制水下机器人的技术基础。

（2）"CR-01"6000米自制水下机器人，深潜成功（图4-8）。1995年9月，中国在大洋试验成功的6000米水下机器人，使中国具备了对除海沟以外的占全世界海洋面积97%的海域进行详细探测的能力，对海底矿产资源的勘探

图4-7　"探索者"号自制水下机器人　　　图4-8　"CR-01"水下机器人外形

具有重大意义。目前世界上只有少数几个国家能够生产6000米深海机器人。

该机器人装备的主要调查设备有：侧扫声呐、浅地层剖面仪、海洋要素测量仪、摄像机、照相机等。

（3）我国首台自行设计、自主集成研制的"蛟龙"号深海载人潜水器问世（图4-9）。"蛟龙"号于2009—2012年接连取得1000米级、3000米级、5000米级和7000米级海试成功。2012年7月，在马里亚纳海沟创造了下潜7062米的中国载人深潜纪录，也是世界同类作业型潜水器最大下潜深度纪录。

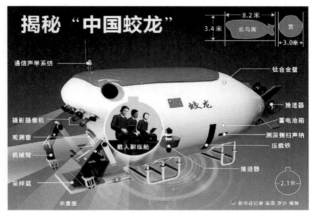

图4-9 "蛟龙"号深海载人潜水器

（四）"阿尔文"号问世，导致海底黑烟囱大发现

"阿尔文"号是目前世界上最著名的深海考察工具，服务于伍兹霍尔海洋研究所。1964年6月5日下水时以伍兹霍尔海洋研究所的海洋学家Allyn Vine的姓名命名。

建造"阿尔文"号的船体使用的材料为金属钛，正常情况下能在水下停留10小时，不过它的生命保障系统可以允许潜艇和其中的工作人员在水下生活72小时。它可以在崎岖不平的海底自由行驶，并可以在中层水域执行科研任务，拍摄照片和视频影像。

"阿尔文"号小潜艇体重为17吨，长度为7.13米，高3.38米，宽2.62米。航行半径为9.7千米，航速可达到1节/时，最高航速为2海里/时，由五个水力推进器驱动，潜艇中安装一个由铅酸电池提供电能的供电系统（图4-10）。最大下潜深度4500米，可容纳3人，下潜4267米，工作10小时。"阿尔文"号首次发现海底"黑烟囱"，从而发现海底另一个世界。

罗伯特·D.巴拉德在做板块方面的博士论文。1971—1972年，他乘坐"阿尔文"号多次下潜，对海底山脉群和环绕岩石进行调查。1976—1977年，他乘坐"阿尔文"号参加加拉巴哥斯大裂谷探险（图4-11），在2700米深处发现会喷气的白蟹、龙虾、粉色鱼、管状蠕虫和像花一样的动物；发现数百只蚌，"阿尔文"号像是进入蚌类养殖场；还发现圆柱状火山出烟口，其中一个正在冒着"黑烟"（实际是矿物质悬浮物），最高温度达到350℃。这些奇特现象，彻底改变了人类对深海生物学的认识，揭开了生命进化史的新篇章。

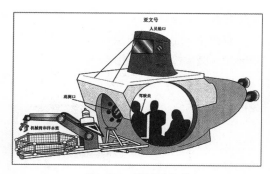

图4-10　"阿尔文"号

图4-11　海底黑烟囱（左）和管状蠕虫（右）

第二节　亦真亦幻的典型水下建筑物

一、真实的海底居住室

海底居住实验室又称水下居住站，指沉放到海底可供人们定居的金属结构物，可分为固定型和移动型两种。

（一）"海中人"号实验

世界上第一座海底居住室是法国制造的"海中人"号，1962年9月6日在法国的里维埃拉附近海域60米深处试验成功。

美国实业家埃·林克制造了一部长3米、直径为1米的铝制圆筒型水下升降机，比利时的罗·斯坦宁利用这一工具，在水深60米的海底停留了26个小时。这也是在实际海底进行饱和潜水的开始。当时，在水深26米的海底只能潜水几分钟，因此能在海底停留26小时，那简直是惊人的记录。可是，铝制圆筒作为海底居住用未免太小了些，对于罗·斯坦宁来说，连横躺的地方也没有，只能把折叠椅子和桌子打开，靠在边上打个盹。

（二）"大陆架"实验

1962年9月14日，雅克·伊夫·库斯托在马赛近海的弗里乌尔岛水深10米的海底开始"大陆架–I"实验生活。该海底之家名叫迪奥格内，是容积为25立方米的圆筒，内有双人床、简易减压室、电视接收机等，并用30吨的重物使之固定在海底。从海上能充分和海底居住室通信及提供空气、淡水、电力。海底居住室，如排除天气问题，则是安全和舒适的。潜水员在水中居住，无论从心理上还是生理上都会产生与世隔绝的感觉。度过了一周的海底生活以后，呼吸两个小时的80%的氧气，在减小体内的氮气后，两人在不减压的情况下上浮。

1965年9月，在地中海的费拉角进行"大陆架–Ⅲ"的实验，这次的实验水深为100米。它的第一个目的是要证明深潜潜水员在产业性作业方面究竟有多大能力。

在"大陆架–Ⅲ"的实验中，机械装置的故障很多，但都被人们出色地排除了。无论在海中还是在居住室，都可证明人在超过100米的深度有极大的适应性。

（三）"海底实验室"实验

1964年，4名深潜潜水员登上"海底实验室–I"，在水深60米处生活了11天；1965年，在"海底实验室–Ⅱ"内，三队各10人分别在62米水深处生活了15天。这两次实验有种种不同之处。"海底实验室–I"的实验目的主要是要查明人是否能集体生活在这一深度，因此实验地点选择在水温高、透明度大的百慕大岛附近。"海底实验室–Ⅱ"的实验目的是要了解人能在什么地方从事作业，因此实验地点选择在水温较低、透明度差的加利福尼亚海域。

（四）"玻陨石"号实验

1969年2~4月，4名海洋科学家在"玻陨石"号中生活了60天，取得了预想不到的研究成果。1970年进行的"玻陨石–Ⅱ"号共计有62名科学工作者交替进入。"玻陨石"号被称作海底公寓，居住性好，其内部有四间房间，各自保持独立，分上下两层、左右两间。此外，"玻陨石"号的实验，除有大型居住室外，还设有可容纳2人的小型居住室。这种小型居住室可用船在海上曳航，在任意的场所自力下潜。

（五）"萨特阔1-3"实验

列宁格勒水文气象研究所的科学工作者制造的"萨特阔1-3"是三种不同的类型。1966年的"萨特阔–1"是短时间用的潜水钟式的居住室，直径3米，内有观测装置，由此可推测为研究用海底居住室。

"萨特阔–2"的居住性更佳，它在一个球体上再增加一个球体。1969年，两个科学工作者利用"萨特阔–2"在海底生活了10天。

"萨特阔–3"与世界其他居住室相比，在设计方面有明显的特点：它是高15米的纵向细长型居住室，纵向居住室在倾斜的海底较稳定。"萨特阔–2"是小型的两层建筑；"萨特阔–3"是三层建筑，最下边是潜水作业室，中间是居住区，上边是研究和控制室。1969年，三个科学工作者在黑海的苏呼米开始海底生活。当时，有人把一只小猫带入了居住室，那次实验是在25米水深处进行的。"萨特阔–3"主体也可设在水深100米处，人的生理性实验基本不变。实验证明，"萨特阔–3"是抗浪性很强的系统，在出现4米波浪的强风下，水中升降机还能运送苏联深潜潜水员，他们经过47个小时的减压后恢复正常生活。

（六）"赫尔戈兰"号实验

1969年7月以来，"赫尔戈兰"号海底居住室在赫尔戈兰岛西南2公里处、深21米的海中至少停留了一年。"赫尔戈兰"号是长9米、直径2.5米的圆筒，用4根结实的支柱支撑。该海底居住室的费用由西德联邦政府的预算提供。"赫尔戈兰"号备有减压室，每周交换4人为一队的成员时，就在该减压室内减压，然后撤离。由于在海底停留一年，故采用大的支持浮标工作。

该浮标可向海底实验室提供电力和压缩空气，也可确保两周应急用的电力、食物和淡水。

（七）"宝瓶座"实验

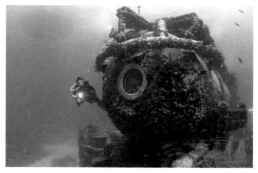

在美国佛罗里达州拉哥礁海海底，有一个名叫"宝瓶座"的海底实验室（图4-12），是当今世界仅存并仍在运作的海底研究站。"宝瓶座"海底实验室被放置在海面下20米深处，外观好似一艘潜水艇，总重量81吨。科学家通常先乘船到它的上方，换上潜水装，再潜入海底。

图4-12　"宝瓶座"海底实验室

"宝瓶座"海底实验室体积不大，但可容纳6人居住。科学家们主要在这里研究珊瑚、海草、鱼类等生物和水质等生态环境的变化，并记录自身在海底生活的各种生理状况。通常情况下，科学家可在实验室连续住上数星期，所需食物和工具都被装在防水的罐子里由潜水员定期送往实验室。

（八）"凡尔纳"海底酒店

1993年，美国建成了世界第一家海底大酒店——"凡尔纳"海底酒店，供人们度假、旅游。该酒店用金属材料制成，占地面积约90平方米，包括客厅、卧室、厕所和浴室，可以容纳6名住客，房间内安装了录像、彩电、音响、电话和微波炉等现代化的家用电器设备（图4-13）。不过这家酒店只是位于美国佛罗里达州基拉戈市的浅海底，酒店最尖端离水面仅9米。

德国科学家又研制出供潜水员使用的人工水肺。带上这种水肺，人可以像鱼一样在海水中直

图4-13　"凡尔纳"海底酒店

接呼吸。甚至还有人异想天开，认为可以通过基因工程的技术，让人也长出鳃来，可以自由自在地生活在海底。

总之，海上城市与海底居住室的研制成功和问世，为人类开辟了另一个生存空间——海洋空间。

二、幻想的海洋城市

（一）"生物圈二号"实验

提起"生物圈二号"人们并不陌生。这是一批有远见卓识的科学家对未来世界的设想，将来有一天地球不能生存时，人类是否可以靠第二类生物圈生存？

1991年，美国科学家进行了一个耗资巨大、规模空前的"生物圈二号"实验。它是一个巨大的封闭的生态系统，位于美国亚利桑那州，大约有两个足球场大小。从外观看，它很像科幻片里建在月球上的空间站。依照设计，这个封闭生态系统尽可能模拟自然的生态体系，有土壤、水、空气与动植物，甚至还有森林、湖泊河流和海洋。1991年，8个人被送进"生物圈二号"，本来预期他们与世隔绝两年，可以靠吃自己生产的粮食，呼吸植物释放的氧气，饮用生态系统自然净化的水生存。但18个月之后，"生物圈二号"系统严重失衡：氧气浓度从21%降至14%，不足以维持研究者的生命，输入氧气加以补救也无济于事；原有的25种小动物，有19种灭绝；为植物传播花粉的昆虫全部死亡，植物也无法繁殖。事后的研究发现：细菌在分解土壤中大量有机质的过程中，耗费了大量的氧气；而细菌所释放出的二氧化碳经过化学作用，被"生物圈二号"的混凝土墙所吸收，又打破了循环。1994年3月，7名科学家再次进入"生物圈二号"进行第二次实验，这种努力在1年半之后又以失败而告终。

由数名科学家组成的委员会对实验进行了总结，他们认为，在现有技术条件下，人类还无法模拟出一个类似地球一样的、可供人类生存的生态环境。许多科学家不作此想，坚持实验还要进行10年，以便有充足时间观察"生物圈二号"内的野生动植物的生长规律。目前，"生物圈二号"已经成为亚利桑那州沙漠中的一道风景线，每年到此旅游的人数超过18万人。

在陆地上建立孤立的生态系统实验任重而道远，但是，来自英国的设计师Phil Pauley认为，在海洋中建立"海底生物圈二号"要比陆地容易得多。他设计了一座完全可以自给自足的水下城市，能根据需要前往任何一个地方——从漂在海面上到潜入海底。"海底生物圈二号"由8个生活、工作与农场生物群落围绕1个大型生物群落而建，后者有维持整座城市运转的所有必备设施（图4-14）。从理论上讲，只要有充足的补给和准确的消息，"海底生物圈二号"可以承受从飓风到核战争等各种灾难。

图4-14　"海底生物圈二号"

（二）漂浮的摩天大楼——"旋转城"

从技术上讲，"旋转城"不是高耸入云漂浮的摩天大楼，"旋转城"是从一个浮动平台下降至海面下400米处。这个浮动平台有四个"臂膀"，为整座城市提供浮力，为大型船只提供停靠的港湾（图4-15）。"旋转城"由太阳能、风能和波能等可再生能源驱动，能够容纳一个研究站和一个拥有商店、餐厅、花园、公园和娱乐设施的度假村。

图4-15　"旋转城"

（三）受水母启发的澳大利亚海洋城

建设某些水下城市不是为了让其像可以下沉的现代化大都市，而是为了成为海洋生态系统的一部分。澳大利亚以水母为灵感打造的海洋城"Syph"不是"建筑物"，而是"生物"，每个"生物"都有特定任务，比如制造食物或为居民提供住所（图4-16）。"Syph"概念是奥雅纳生物技术公司在"当下+何时–澳大利亚都市主义展"（NOW + WHEN Australian Urbanism）竞赛中提出的，此设计具有可与周围环境融为一体的流动、雅致的结构。

图4-16　澳大利亚海洋城

（四）阿姆斯特丹水下"未来城"

阿姆斯特丹长期以来面临人口激增和用地短缺的问题，如果全球气候变暖导致海平面上升，这一问题会变得更加尖锐。许多超前意识的建筑师提出为阿姆斯特丹打造一座"漂浮的未来城"（图4-17），这样的概念也会有一些水下城的功能。兹瓦茨–詹斯马建筑事务所合伙人之一莫舍·兹瓦茨（Moshe Zwarts）认为，建于城市下面的排水管道可以提供停车、购物和休闲的空间。

图4-17　阿姆斯特丹水下"未来城"

（五）能够自给自足的漂浮"水中刮刀"

"水中刮刀"就像是"旋转城"与澳大利亚"Syph"海洋城的综合体，是一个水下倒立式摩天大楼（图4-18），同时还运用了一些奇特的仿生学技术。来自马来西亚的设计师萨利·阿德雷说："其生物

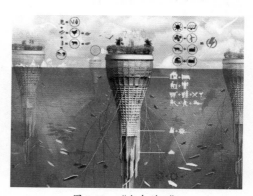

图4-18　"水中刮刀"

发光触角为海洋动物群提供了生活和聚集之地，同时又能通过运动收集能量。"

（六）亚历山大水下博物馆

很少有人见过沉入地中海的亚历山大古城遗址。20世纪90年代，潜水员发

现了亚历山大古城的珍贵文物，其中包括26个狮身人面像。如果世界第一个水下博物馆能够建成（图4-19），公众就可以亲眼看到这些文物。埃及计划在港口城市亚历山大修建一座水下博物馆，这个半潜式博物馆由四个船帆形状的结构组成，每个代表罗盘上的位置，将使亚历山大古城遗址可以遵照联合国教科文组织（UNESCO）有关保护水下遗产的规定得到妥善保护。一个研究小组目前仍在尝试如何在不破坏这些珍贵文物的情况下建设水下博物馆。

图4-19 水下博物馆

第三节 海底隧道与管道

与陆地隧道相比，海底隧道地质勘测更困难，造价更高、风险更大。

1940年，日本在关门海峡修建了世界上最早的海峡铁路隧道。1988年，日本在津轻海峡建成了迄今为止世界上最长的海峡隧道——青函隧道，长54千米，海底埋深为100米，实现了本州岛和北海道之间的铁路运输。

1994年，英法两国建成了英法海底铁路隧道，长50.5千米，是世界第二长海底铁路隧道。隔海相望的英、法两国人员往来，乘坐穿越隧道的高速列车3个小时即可从伦敦直达巴黎，比乘飞机还要快1个多小时。

北欧国家修海底隧道较多，如挪威修建了18座，总长度超过45千米，最长的一条为4.7千米，最大水深达180米。

我国跨河、跨江的水下隧道已建成多条，而跨海隧道只有6条，香港特别行政区有3条海底隧道，越过维多利亚海峡，把港岛与九龙半岛连接起来。此外，还有厦门翔安海底隧道、青岛胶州湾海底隧道、广州狮子洋海底铁路隧道等。另外，水中悬浮隧道正在研究中。

一、海底隧道施工法

海底隧道建设施工技术有哪些？也就是说，我们经常用什么方法"挖洞"？根据岩层的地质特点，选择适宜的施工方式至关重要。目前主要有四种工法：钻爆法、沉管法、掘进机法、盾构法。

（一）钻爆法

是指用钻眼爆破方法开挖断面而修筑隧道及地下工程的施工方法。用钻爆法施工时，将整个断面分部开挖至设计轮廓，并随之修筑衬砌。

用炸药将岩石破碎，普遍适用于岩石地层，在硬岩条件下比掘进机法经济性好。日本的新关门隧道、青函隧道，挪威已经建成的海底隧道都是成功应用钻爆法的实例。钻爆法有其明显的优点，如隧道断面可以灵活变化、随机设置、对地层地质适应能力好等。钻爆法修建海底隧道的关键施工技术，是穿越断层破碎带。断层破碎带若与其上或附近的水系相连通，频繁的爆破作业对断层围岩扰动大，就有可能给工程带来淹没、塌通、涌水的危险；通风困难、埋深要求高等问题也是钻爆法的不利因素。我国目前已建成的海底隧道，如厦门翔安海底隧道、青岛胶州湾海底隧道（图4-20），均是采用钻爆法施工。

图4-20　国内最长海底隧道——胶州湾海底隧道

胶州湾海底隧道，南接青岛市黄岛区的薛家岛街道办事处，北连青岛市主城区的团岛，下穿胶州湾湾口海域。隧道全长7800米，分为陆地和海底两部分，海底部分长3950米。

（二）沉管法

所谓沉管法，就是在修建隧道的江河或海湾或海峡的水底下，预先挖掘好一条基槽，把在干坞内预制的沉管从制作场地浮运到江河或海湾或海峡的施工现场，依次沉放在基槽内并加以连接，从而建成隧道的施工方法。

因此，钢壳沉管的防水主要是管段之间的接头防水问题。对于钢壳沉管的接头防水，即先将相邻沉管的接缝对准后使用销钉扣紧，接着在接缝的两侧安装模板，然后用导管法灌注密实的混凝土，即可把接缝完全包围住。

而关于事先开挖好基槽，在开挖前要根据河床泥沙以及水速等情况考虑基槽的形状、开挖方法以及基槽边坡的稳定性。

在基槽挖好和管段未沉放前，由于水流含沙及基槽内流速较小，会有大量的泥沙淤积，此时必须采取清淤措施。美国旧金山湾的海底隧道，就是运用沉管法施工的。该隧道水底部分长5790米，用57个管段，每段长82～107米、宽14.7米、高7.3米，排水量11000立方米。最大水深37.5米，是已知的管段沉埋最长的海底隧道。

和其他方法比较，沉管法隧道有下列优点：

1. 与桥梁相比，沉管法隧道优势明显

从航运角度看，桥梁的净空高度对船舶通航的影响较大。如果通过抬高桥梁的净空高度减少对船舶通航的影响，不仅增加了工程费用，而且也增加了技术难度；从气象条件来看，大风及大雾对船舶过桥的能见度有较大的影响，而对水下的沉管法隧道来讲不会产生不利影响。由于江上修建桥梁的施工周期长，所以干扰船舶通航的时间长，而沉管法隧道在江河上沉放沉管，基槽的开挖、清淤以及地基砂石的铺设所需的施工周期短，故干扰船舶通航的时间短。

2. 与盾构法隧道相比，沉管法隧道优势更加突出

盾构法隧道顶距离江河底一般10米左右，而沉管法隧道的上表面离河床1米即可，甚至可以浅到无船舶影响的程度，可以大大地缩短隧道的长度。另外，盾构法隧道的横截面只能为圆形，一个圆形只对应一个双车道。如做成四、六、八车道，必须贯通二、三、四个盾构隧道，占用土地面积大；而沉管的横截面圆形和矩形均可，十分灵活，可以做成二车道以上的隧道。

但是，沉管法使用受到较多的限制，不适于特长隧道（大于6千米），且造价贵。

3. 中国沉管隧道

世界第二、亚洲第一（按管段排水量）的上海黄浦江外环线隧道的贯通，也是采用沉管法建造（图4-21）。黄浦江外环线隧道全长2880米，双向8车道（3+2+3），其中江中沉管段主体工程长736米，由7节管段组成，每节段重达4.5万吨。

过江隧道江中心沉管监测点高程与潮位有较强的相关性：潮位的变化直接影响监测点的高程。李伟、熊福文的研究结果表明，监测点高程与潮位存在

图4-21　采用沉管法建造的上海黄浦江外环线隧道

明显的谐波特性。波动周期均为12小时，振幅分别达2.76毫米、1061.53毫米，相位差为170°，呈基本反相两条曲线。受影响量达最大的时刻较潮位高低滞后了近22分钟。

（三）盾构法

盾构法，是暗挖法施工中的一种全机械化施工方法。它是将盾构机在地下推进，通过盾构机外壳和管片支撑四周围岩防止发生隧道内的坍塌，同时在开挖面前方，用切削装置进行土体开挖，通过出土机械运出洞外，靠千斤顶在后部加压顶进，并拼装预制混凝土管片，形成隧道结构的一种机械化施工方法。日本东京湾海底隧道便是采用盾构法施工。

盾构机的外壳是圆筒形的金属结构，各种施工设备就是在它的保护下进行工作的。盾构法一般限制在港湾下的浅水区和沿海地带，在深堆积层等软弱的不透水黏土中最为适用；且适于打长洞，已经成功地用于很多海底隧道，如最著名的英法海峡隧道。

（四）掘进机法

掘进机法是挖掘隧道、巷道及其他地下空间的一种方法，简称TBM法，是用特制的大型切削设备，将岩石剪切挤压破碎，然后通过配套的运输设备将碎石运出。

当然，根据隧道的地质条件等，可以对这几种施工方法进行组合应用。

二、海底光缆的铺设

世界上第一条海底光缆于1985年在加那利群岛的两个岛屿之间建成，第一条跨洋海底光缆TAT-8于1988年在大西洋建成。同年，跨太平洋的海底光缆系统也建成。系统的工作波长为1310纳米，采用常规G.652光纤，系统传输速率为280兆字节/秒，中继距离约为70公里，终端设备为PDH设备。到1991年，光纤工作波长改用1550纳米窗口，使用G.654损耗最小的光纤，系统传输速率也上升至560兆字节/秒。直至1994年，出现第二代海底光缆系统，同步数字传输系统（SDH）引入海底光缆系统，掺铒光纤放大器（EDFA）取代传统的电再生中继器；进入1997年，基于密集波分复用技术的海底光缆系统应运而生，我们称20世纪90年代末到21世纪初为第三代海底光缆系统发展时期。

光缆建设的累计总长度已超过100万千米，形成了覆盖全球海底、连接170余个国家和地区的国际海底光缆网络系统。海底光缆在传输、施工、维护、监测和路由调查等技术领域均取得了长足的进步，其市场与行业结构亦发生了深刻的变化。

（一）路由的前期调查

需要由专业的海洋调查船进行的海上外业主要包括海缆路由调查与海缆埋设评估调查。

路由调查，主要目的是通过使用专业的调查设备与手段进行实地海域勘查，最终确定一条最佳路由，并为随后的海底光缆系统设计生产、安装施工、运行以及随后的维护提供依据。实地调查的主要内容包括：

（1）海底地形与地貌（如沙波、珊瑚礁、已知沉船和其他障碍物的位置等），浅地层结构及水深概况。

（2）路由区域海底温度、盐度分布和季节变化。

（3）光缆经过海域的海流（表、中、底层）特征。要估算出风、浪、流联合作用下的最大流速分布。

（4）地震活动和海缆路由区域异重流（混浊流）。

（5）妨碍路由安全的潜在危险调查。路由区域捕鱼活动、疏浚活动、海洋资源（包括深海矿产）开发活动、航运（包括锚地和禁锚区）活动和倾倒区位置及内容（化学、工业废物、爆炸或放射性物质、废弃电缆等）。

（6）沿整个路由所有在役的和计划中的管线电缆及废弃的管线电缆分布情况。

（二）常用的仪器

1. 多波束测深系统

多波束测深系统是从单波束测深系统发展起来的，能一次给出与航线相垂直的平面内的几十个甚至上百个深度。它能够精确地、快速地测定沿航线一定宽度内水下目标的大小、形状、最高点和最低点，从而较可靠地描绘出水下地形的精细特征，从真正意义上实现了海底地形的面测量（图4-22）。

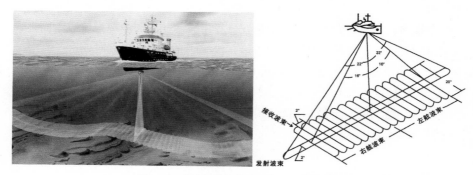

图4-22　多波束测深系统示意及工作原理图

2. 磁法探测

当新建光缆时，光缆路由将与已敷设缆线交叉，为了保证新建过程中已敷设的缆线的安全，必须要准确测得新建光缆的路由与它们交叉点的位置。探测海底缆线的方法有磁法探测、侧扫声呐探测和浅地层剖面探测等多种方法。

海底管线本身具有磁性，一般是用钢丝铠装的，也具有磁性，因此可以被磁力仪探测到。但根据磁性物质在空中所产生的磁场强度原理可知，缆线在空中所产生的磁场是很微弱的，要探测到它必须使磁力仪的拖鱼尽量贴近海底，离底高度不大于 2 米（图4-23）。为使拖鱼下沉，可以采取两种办法：一是加配重，在距拖鱼较近位置的海缆上加上多个铅块配重，每个铅块重量大于 2 千克，铅块使拖鱼因重力而下沉；二是降船速，很低的船速可以确保拖鱼在到达海底电缆的已知坐标点附近时能以较小的离底高度从上面缓缓滑过。磁力仪传感器拖于测量船的尾部，拖缆长度达几十米到几百米。

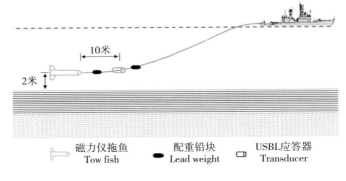

图4-23　磁法探测

三、沉船打捞

随着世界经济发展和航运业兴旺，船舶事故也频繁发生。

每年，全世界沉没的船舶就有上百艘，还不时有潜艇海难事故、飞机坠海事件的发生。在世界各地的海洋底下有数以千计的沉船，单在南海海底古沉船的数量就超过2000艘。

在沉没于海底的船舶、军舰、飞机中，有的载有珍贵文物和金银财宝，有的藏有重要的军事机密，有的其本身构造就是重要机密。打捞海底沉船、沉物，无论在军事上或者经济上都有重要意义。特别是沉船，若影响到通航、港口作业及涉及遇险人员寻找往往需要对沉船进行迅速打捞。沉船、沉物沉没在海洋底下，有几十、几百甚至几千米深，怎样把它们从海底打捞起来？

目前国内打捞钢质沉船的方法主要有：封舱抽水打捞法、封舱充气抽水打捞法、压气排水打捞法、船舶抬撬打捞法、浮筒抬浮打捞法、船内充塞浮具及泡沫塑料打捞法、浮吊打捞法等。

（一）封舱抽水打捞法

封舱抽水打捞法是应用最早、使用最广泛的一种打捞沉船的方法，目前仍是打捞浅水中沉船的有效方法。封舱分为密封式和沉井式两种。密封式封舱是封舱的主要方法，是用厚木板或木枋将舱口、门窗、通道或破洞等进行封补。采用封舱抽水打捞法，船的锈蚀不能太严重，否则船体强度不够，不能承受封舱抽水后的水压。

沉井式封舱也称沉箱封舱，一般适用于沉船甲板在水面以下1米左右。先在水面上建一井圈，井圈一般用木板横向排列，其尺寸应使其能刚好套于舱口外。井圈下部加压铁，底部用棉胎、绒布或闭孔泡沫塑料等制成软垫，以便于甲板水密。

（二）封舱充气抽水打捞法

沉船甲板与水面的距离若超过2米，沉船的甲板可能因抵抗不住水压力而被压塌。这时可向舱内充压缩空气，以增加甲板下的压力，然后再抽水，这种抽水起浮沉船的方法，称为封舱充气抽水打捞法。如果充气不足就开始抽水，会把沉船甲板抽塌；但是，如果充气太多，舱内压力迅速增加而超过舱外压力，则会把封舱板上封补的垫料吹开，导致船舱漏水。

（三）压气排水打捞法

压气排水打捞法，是将压缩空气压入船舱柜，排除舱柜内的水，以便产生浮力起浮沉船。该方法适宜于打捞翻沉海底的油轮。如果沉船气密性好且有纵隔舱，易于控制横稳性，可不封舱，只需先把充气管塞入舱内充气，即可浮船。如果沉船的机舱等后部舱柜受损，难于在机舱中积储空气，则要增加打捞浮筒以抬尾部。如果海底是淤泥或流沙，烟囱、上层建筑等深埋入泥中，且风浪大，水又深，很难在机舱下穿引船底千斤，则可以考虑用闭孔型泡沫塑料等浮材充填于机舱内，以补充充气时船后部浮力不足。

（四）船舶抬撬打捞法

船舶抬撬打捞法，是用工程船或驳船的抬浮力把沉船抬浮出水（图4-24）或抬移到其他便于修复的地方。

为安全起见，要求：

（1）尽可能在慢流速情况下起浮，并计算多少流速才能控制起浮。

（2）宜在最低潮前使沉船离底。打捞沉船应避免使用最低潮收紧滑车、涨潮沉船自浮的方法。看起来是有效利用自然力量，但往往由于意外原因船抬不动，潮水又在涨，滑车受力过大，绞车无法松缆，从而发生严重事故。

（3）船舶抬撬配备的储备浮力，应为打捞重量的20%～40%。该方法适用于内河、风浪较小的海湾，气象条件好的沿岸和近海区域。在过去很长时

图4-24　船舶抬撬打捞

间，国内外曾用这个方法捞起大量沉船。

（五）浮筒抬浮打捞法

利用打捞浮筒的浮力抬升沉船，称为浮筒抬浮打捞法。打捞浮筒有硬壳和软壳两种。软式浮筒抬浮沉船多数放于沉船两舷，外罩棕绳或尼龙绳网罩，罩下连接钢缆圈，缆圈再连接船底千斤，然后充气上浮。

（六）船内充塞浮具及泡沫塑料打捞法

船内充塞浮具打捞，是将有浮力的器具或材料放入沉船，利用其浮力抬浮沉船。船内充塞浮具打捞法一般用于所需抬浮力不大的小型船舶，也可以作为其他打捞方法的辅助性浮力。船内充塞泡沫塑料打捞法可分为两种：

1. 水下发泡型泡沫塑料打捞法

是将多种化学药剂注入沉船内，使其发泡而产生泡沫起浮沉船。当泡沫与舱内构件凝结成一体时，起浮后的清理工作很费工时。

2. 水上发泡型泡沫塑料打捞法

是将可发性泡沫塑料制成颗粒，使用时在工程船上或岸上先把塑料颗粒加热发泡，如同爆米花，然后用射流泵经管道输送到沉船舱内；也有在车间发泡后铸成圆球状，然后再输送到沉船内。所用材料大多是可发性聚苯乙烯。其优点是沉船在起浮后较易清舱，泡沫球能反复使用。

（七）浮吊打捞沉船法

浮吊打捞沉船法，是用浮吊船直接把沉船吊出水面的方法。与其他打捞方法相比，其优点是速度相对快、效果好。对于较大的沉船需要在船体穿引一定数量的千斤，当浮吊船起重重量不足时，则需要首先对沉船分段切割。

2000吨以上的浮吊船已有很多，甚至出现了10000多吨吊重的浮吊船。有的浮吊为双人字架，其受力情况较好。

（八）基于液压拉力系统的沉船打捞技术发展

随着液压技术的不断发展，液压提升拉力技术逐步引进到沉船打捞领域。船舶抬浮打捞法，是用一对或数对驳船并行对称排列在沉船两舷的水面上，把沉船夹在中间，然后分别在沉船的一舷用滑车连接沉船的过底钢丝，用绞车抬浮沉船。其中机械穿引沉船的过底钢丝技术是近年来打捞技术的一项创新。

由于将沉船打捞工程带入到"数字化工程"中，计算机能清楚地看到每一只千斤顶的拉力，即每根钢丝的受力。更为重要的是，可以随时调整任何一根钢丝的受力，可以随时调整每根钢丝的位移。

这一技术将许多原本要水下完成的工作"移"到水上来，减少了潜水员的水下工作，使工作变得更加可控，工期更加有保障，起浮时更是只需1天左右就可完成（图4-25）。

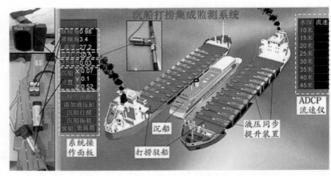

图4-25 液压拉力系统的沉船打捞示意图

四、"南海Ⅰ号"打捞

"南海Ⅰ号"是一艘南宋初期古沉船。在"海上丝绸之路"向外运送瓷器时失事，沉没地点位于中国广东省阳江市南海海域。是世界上发现的海上沉船中年代最早、船体最大、保存最完整的远洋贸易商船，对考古研究有着重要意义。于1987年被发现，2007年12月22日，"南海Ⅰ号"整体出水（图4-26）。

打捞时，将一个特制的沉箱下放到水底，用于把沉船整体打捞出水。沉

图4-26 "南海Ⅰ号"模型

船掩埋在海底1米深的淤泥中，是一个长30米、宽10多米、高3~4米，连带海底凝结物重达3000吨的庞然大物。在考古现场人们把它整体平移到海岸边那座正在兴建的博物馆内，然后放入一个巨型的玻璃缸当中，并且注入海水保存（图4-27）。这是因为："南海Ⅰ号"沉船在海里800年，船身主体沉落于海底淤泥5米之下，这直接为"南海Ⅰ号"提供了一层隔氧化保护层。海水隔绝了空气，所以没有进一步氧化；打捞出水后，必须用海水隔离来维持现状，所以必须用水质相同的水保存船体。

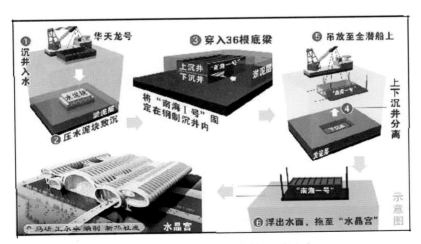

图4-27 "南海Ⅰ号"整体打捞及保护方案

第五章
海洋能开发工程

能源是人类赖以生存发展的基础因素之一，人类历史上每一次巨大的飞跃无不与能源的开发利用有关，而一次次的全球危机也与能源紧密相连。从长远来看，石油和煤炭等化石能源总会耗尽，因此，重视海洋能源开发是未雨绸缪。海洋中可再生的、无污染的能源，最终将使人类走出生存的困境。

海水中含有铀、重水等热核燃料，海底还蕴藏着大量的石油、天然气、可燃冰、煤等各种能源。这里我们所讲的海洋能，是指蕴藏在海水中的可再生能源，包括潮汐能、波浪能、海流能（潮流能）、温差能和盐差能，还包括海洋上空的风能、海洋表面的太阳能以及海洋生物质能等。潮汐能和潮流能来源于太阳和月亮对地球的引力变化，其他均源于太阳辐射。通过这些方式产生的电力因其发电过程中不产生或很少产生对环境有害的排放物（如一氧化氮、二氧化氮；温室气体二氧化碳；造成酸雨的二氧化硫等），且不需消耗化石燃料，节省了有限的资源储备，相对于常规的火力发电，来自于可再生能源的电力更有利于环境保护和可持续发展，因此被称为绿色电力。

第一节　潮汐能的利用

一、潮汐能

同日升月落一样，潮汐也有自然规律。潮汐是海水周期的涨落运动。世界上大多数海域，在大多数日子里，一天之中海水会涨落两次，中国先民将白天的称为"潮"，晚上的叫作"汐"。如果每天漫步海边观潮起潮落，细心之人就会发现潮汐每天都会迟来些许。确切地说，在正规半日潮海区，每天2次高潮2次低潮（图5-1）。

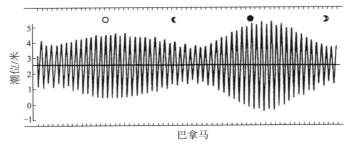

图5-1　正规半日潮位

其周期约为12小时25分钟，而高潮（或低潮）时间每天约推迟50分钟。从图5-1中还可以看出，潮汐在一月之中也有规律：农历初一或者十五，即新月或者满月的时候，太阳、地球、月亮三者的方位成直线，这时形成大潮；反之，在农历初八、二十三，太阳与月亮的引潮力成直角，有一部分相互抵消，便产生了小潮（图5-2）。

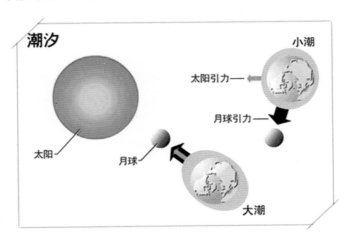

图5-2　大小潮的形成

潮汐蕴含着巨大的能量，不仅人类可以将其转化为所需的电能，很多生物更在潮汐的一起一伏中获得生命的动力。潮间带的生物有牡蛎、贻贝、虾、蟹等。

我国的潮汐能蕴藏量比较丰富（图5-3），可开发装机容量2×10^7千瓦，年发电量580亿千瓦·时。浙江和福建两省潮汐能储藏量占全国的88%，平均潮差大于4千米、可安装潮汐电站的水域有：长江口北支、杭州湾、象山港、乐清湾、三都澳、东吾洋、罗源湾、福清湾、兴化湾和湄洲湾等处。潮汐能的这种分布，与我国沿海能源需求非常对应：华东地区经济发达，能耗大，但却是能源短缺地区，若这些地区潮汐能能得到全部利用，相当于增加2×10^7吨标准煤，或相当于一座7×10^6千瓦的火力电厂。

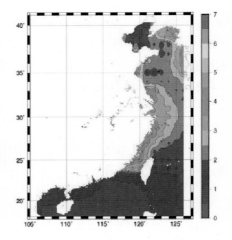

图5-3　中国海洋平均大潮差分布/千米

二、潮汐发电

（一）潮汐发电基本原理

由于电能具有易于生产、便于传输、使用方便、利用率高等一系列优点，因而利用潮汐的能量来发电目前已成为世界各国利用潮汐能的基本方式。潮汐发电就是利用海水涨落及其所造成的水位差来推动水轮机，再由水轮机带动发电机发电。

具体地说，就是在有条件的海湾或感潮河口建筑堤坝、闸门和厂房，将海湾（或河口）与外海隔开围成水库，并在闸坝内或发电站厂房内安装水轮发电机组。对水闸适当地进行启闭调节，使水库内水位的变化滞后于海面的变化，库侧水位与海侧潮位就会形成一定的高度差（即工作水头），从而驱动水轮发电机组发电（图5-4）。

从能量的角度来看，潮汐发电就是将海水的势能和动能，通过水轮发电机组转化为电能的过

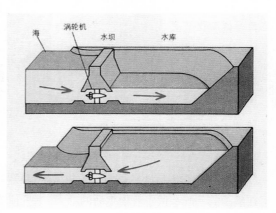

图5-4　潮汐发电示意图

程。可开发的潮汐能量和装机容量可按下列经验公式估算：

$$E_a = 0.55 \times 10^6 H^2 S$$

式中：

E_a——潮汐电站年发电量，单位为千瓦·时；

H——潮差，单位为米；

S——同一水深条件下水库面积，单位为平方千米。

$$P = 200H^2 S$$

式中：

P——潮汐电站装机容量，单位为千瓦。

不过，一般的水力发电的水流方向是单向的，而潮汐发电则不同：在涨潮时，海水从大海通过通道流进水库，冲击水轮机旋转，从而带动发电机发电；而在落潮时，海水又从水库通过通道流回大海，又可以从相反的方向推动发电机组发电。这样，海水一涨一落，电站就可源源不断地发电。

（二）单库单向电站

在海湾出口或河口处，建造堤坝、发电厂房和水闸，将海湾与外海分隔，形成水库。在涨潮时开启闸门将潮水充满水库，当落潮外海潮位下降时，产生一定落差，利用该落差推动水轮发电机组发电。这种电站只建造一个水库，而且只在落潮时发电，称为单库单向发电。图5-5左图是单库单向潮汐发电站布置示意图。

从图5-5右图可以看出，运行工况可分为以下四个步骤：

（1）水库进水。开启水闸，水轮机停运，水库外上涨的潮水经水闸进入水库，至水库内外水位齐平为止。

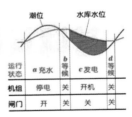

图5-5 单库单向潮汐发电示意图

（2）关闭水闸。水库内水位保持不变，水库外水位因退潮而下降。

（3）开始发电。待水库内外水位差达到一定水头时，电站放水。水库的水向库外流动推动机组发电，水库水位下降，直至与外海潮位的水位差小于机组发电需要的最小水头为止。

（4）水库重新进水。转入下一循环。

由于每昼夜涨潮退潮各2次，故单库单向电站每昼夜发电2次，停电2次，平均每日发电9~11小时。由于采用单向机组，机组结构简单，因此发电水头较大，机组效率较高。也可采用涨潮时充水发电、退潮时泄水的形式。

（三）单库双向电站

为了在涨落潮时都能发电，则建造单库双向电站。在海湾出口或河口处，建造堤坝、发电厂房和水闸，采用双向发电的水轮发电机组使涨落潮两向均能发电（图5-6左图）。

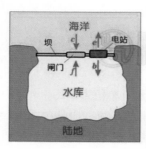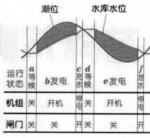

图5-6 单库双向潮汐发电示意图

运行工况可分为以下几个步骤（图5-6右图）：

（1）在海水开始涨潮时，关闭闸门等待潮位上涨。

（2）水库外潮位上涨与水库水位之差可以发电时，启动透平发电机发电，闸门依然关闭。

（3）水库外潮位开始退潮，潮位与水库水位之差不足以发电时停止水轮机发电，打开闸门让海水进入水库，直至两者水位相同时关闭闸门。

（4）待外海潮位降至水库水位以下可以发电时，开启水轮发电机发电，直到水位之差不可以发电时停止发电。

（5）打开闸门把水库中的水泄入海中，直到两者水位相同时关闭闸门。

（6）关闭闸门后又进入等待状态，开始下一个循环。

单库双向电站每昼夜发电4次，停电4次，平均每日发电14~16小时。跟单库单向电站相比，发电小时数约增长1/3，发电量约增加1/5。但由于兼顾正反两向发电，发电平均水头较单向发电小，因此相应机组单位千瓦造价比单向发电为高。设备制造和操作运行技术要求也高，宜在大中型电站中采用。

（四）双库连续发电

在厂址处建造相邻的两个水库，各与外海用一个水闸相通，一个水库（叫高水库）在涨潮时进水，一个水库（叫低水库）在退潮时泄水。在两个水库之间有中间堤坝并设置发电厂房相连通，在潮汐涨落中，控制进水闸和出水闸，高水库与低水库间始终保持一定落差，从而在水流由高水库流向低水库时连续不断发电（图5-7左图）。

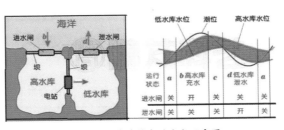

图5-7 双库连续潮汐发电示意图

双库连续潮汐发电站运行工况以四个步骤进行循环（图5-7右图）：

（1）当海水开始涨潮时，高水库进水（进水闸打开），于是高低水库之间形成潮差（泄水闸关闭），电站发电。

（2）外海高潮时，关闭进水闸，继续利用潮差发电。

（3）外海落潮时，到一定低水位，打开泄水闸，降低低水库水位，维持高低水库潮差，继续发电。

（4）外海开始涨潮，又重复原来过程。高水库水位始终高于低水库，因此可以持续发电。

三、潮汐发电站发展概况

据1974年世界能源大会统计，全球海洋中所蕴藏的潮汐能约有30×10^8千瓦，可供开发的约占2%，即约6400×10^4千瓦。

（一）世界潮汐电站发展趋势

潮汐发电的实际应用开始于1912年德国胡苏姆兴建的一座小型潮汐电站；1966年法国建成的朗斯潮汐电站，装机容量为2×10^4千瓦，年均发电量为5.44亿千瓦·时，是当时最大的潮汐电站（图5-8）。

目前，潮汐能开发的趋势是偏向大型化，如俄

图5-8 法国朗斯电站

罗斯计划的美晋潮汐电站设计能力为1500×10^4千瓦（表5-1），英国塞文电站为600×10^4千瓦，加拿大芬迪湾电站为380×10^4千瓦。预计到2030年，世界潮汐电站的年发电总量将达600亿千瓦·时。

表5-1　世界上已建和研究中的大型潮汐电站（张斌，2014）

国家	站址	年平均潮差/千米	装机容量/10^4千瓦	年发电量/（10^8千瓦·时）	发电形式
法国	朗斯	8.55	24.0	5.44	单库双向
苏联	基斯洛	2.3	0.04	0.023	单库双向
加拿大	安纳波利斯	6.4	1.78	0.50	单库单向
中国	江厦	5.1	0.39	0.11	单库双向
中国	幸福洋	4.2	0.128	0.032	单库单向
中国	海山	4.9	0.015	0.0031	单库单向
俄罗斯*	美晋湾	5.66	1500	500	单库双向
英国*	塞文河口	8.4	600	144	单库单向
加拿大*	芬迪湾	11.8	380	127	单库单向
澳大利亚*	金伯利湾	8.4	90	30	单库双向
韩国*	加露林湾	4.7	48	120	单库单向
阿根廷*	圣何塞湾	6.5	495	120	单库单向

注："*"——研究中。

（二）我国潮汐电站发展趋势

到目前为止，我国正在运行发电的潮汐电站共有8座：浙江乐清湾的江厦潮汐电站（图5-9）、海山潮汐电站、沙山潮汐电站，山东乳山市的白沙口潮汐电站，浙江象山县的岳浦潮汐电站，江苏太仓市的浏河潮汐电站，广西钦州湾的果子山潮汐电站，福建平潭县的幸福洋潮汐电站等。

江厦潮汐电站，1980年第1台机组发电，1986年第5台机组发电。第6台机组暂不安装留作新型机组试验用。发电水库面

图5-9　江厦潮汐电站

积1.37平方千米，泄量290米³/秒。发电厂房内安装5台灯泡贯流式水轮发电机组（单机容量有500千瓦、600千瓦、700千瓦3种），可正、反向发电。发电水头为0.8～5.5米，每天发电时间约15小时。

（三）水轮机组

全贯流式水轮机组是潮汐发电站的主要组成部分。发电机放置在水轮机的流道外，水轮机通道以直线的方式布置，水流可以看成轴向流动，导叶前中心轴的直径较小，轴面水流的流速分布较为均匀，产生的摩擦损失和二次流损失较少。国内外大中型贯流式水轮机、贯流式水泵技术飞速发展，其设备制造投资降低，轴系稳定性和检修维护方便性大大提高。由于该电站水轮机组的外形像一个电灯泡，所以人们把它称为灯泡形贯流式机组构造（图5-10）。

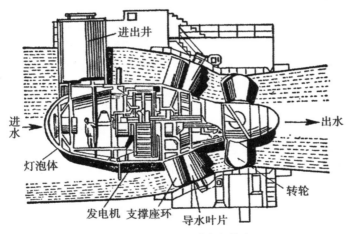

图5-10　灯泡形贯流式机组构造

灯泡式装置的性能非常好，其平均利用率稳定地增加到实际最大值的95%，每年因事故而停止运转的时间平均少于5天，灯泡式装置注水门和船闸的阴极保护系统在抵抗盐水腐蚀方面很有效。这个系统使用的是白金阳极，耗电仅为10千瓦。

不过，灯泡式水轮机组的结构很复杂，费用也很高。1984年，在加拿大安纳波利斯电站安装了为潮汐电站新设计的全贯流式机组。据估计，与常规的灯泡式机组相比，这种水轮机的成本要便宜20%。因此，有人认为在拟建的大型潮汐电站中，完全可以用其取代灯泡式机组。但遗憾的是，这种水轮机的转轮轮辋经常受到生物污损问题的困扰，因此将其应用于潮汐电站的试验仍在进行中。

莫斯科能源结构科学研究院所进行的25年设计研究，为潮汐电站推荐了新型的正交水轮机（具有横过水流的轴）。与常规的轴流式水轮机相比，正交水轮机的主要优点是结构设计简单：常断面的直线转轮叶片，可以直接取自事先订购的轧制型钢。因此，可以根据大型潮汐电站所需的特定数量（每年数百台）在通用机械制造厂制造转轮，而无须在专业化的水轮机制造厂制造。此外，水轮机室和尾水管都为矩形，不像水电站那样存在局部构形。

生产正交水轮机所需的金属用量及其费用，与常规的同等级轴流式机组相比，相对较低。与配备灯泡式水轮机的电站厂房相比，配备正交水轮机的电站厂房沉箱的实际体积较小。泄水能力增大2倍以上，可以使工程的水力系统大为缩小。

（四）电能另一种储存方式

在世界人口稀少的偏远地区修建大型潮汐电站的投资回报似乎不合理，原因是电站容量与当地电力需求不相称。例如，在鄂霍茨克海的北部建设超大容量（87千兆瓦）的品仁纳潮汐电站，与该地区当前的发展状况不相称。也就是说，没有能够平衡潮汐电站不均匀发电的大型电网。不过，俄罗斯库尔恰托夫研究中心和NIIES的设计研究（旨在利用潮汐电站所发的电来生产氢）表明，该电站将成为东西伯利亚和北美地区重要的电力基地。在这种情况下，可以将与电网隔绝的潮汐电站的离散能源用来集中生产氢，然后通过燃料管道或气船将氢运到需要的地方。

如果生产氢，首先应当考虑到直接用作内燃发动机燃料的可能性，以及在各种工业领域的使用，以节省用油和用气。将架空线常规输电的费用与通过燃料管道输氢的费用进行了比较，结果表明，若输电线长于200千米，则输氢的费用要便宜得多。

在潮汐电站采用现代化技术生产氢的效率估计为70%~75%，已经大大超过了常规燃料与电力的生产效率（40%~45%）。

四、潮汐电站与环境

（一）生态环境

潮汐电站的建成，使得鱼从大海到水库的通行复杂化。不过，根据理论数据和在基斯拉雅电站进行的现场测试（即鱼群通过挡潮坝并被收集检验），所有接受试验的鱼（99%），在转速为45～72转/分时，都可以通过低水头转轮（灯泡式水轮机和正交水轮机），而且没有受到任何损害。

在挡潮坝稳定地进行水体交换的情况下进行了观测，结果表明：在水库内以及在邻近挡潮坝的海域内，动植物群的数量与种类组成，以及浮游生物的生物量仍然保持不变。这说明2个相邻水域的动物群具有一致性。当构成鱼群主要饲料的浮游生物通过挡潮坝时，绝大多数（90%）仍保持原状。

水中含盐量是影响海洋动物群生态状态的主要因素之一。盐度研究表明：如果在自然状态下，海水盐度变化为0.07‰，那么，在建有潮汐电站的情况下，其变化也许只是0.03‰，实际上可以忽略不计。然而，挡潮坝可能引起水池内水体层化增加，致使表层水和底层水的盐度差可能增大0.2‰～0.3‰。这样分层水体将从原来的位置稍向外海延伸，不过，这种改变没有任何实际意义。

在基斯拉雅电站挡潮坝水池所在的海域，自1924年以来，一直在进行环境监测，可以为世界各国论证大型挡潮坝工程的环境安全提供有价值的数据。

（二）自然环境

1. 泥沙

潮汐电站一般建设在海湾或临近大海的河口。海湾底部或大海的泥沙，容易被潮流和风浪翻起带到海湾的库区，也有一些泥沙由河流从上游带来。这些泥沙都会淤积在库区内，从而使水库的容积减小，发电量减少，并且加重对水轮机叶片的磨损，使其寿命减少，对正常运行影响很大。因此，必须根据当地泥沙的含量、类型、运动方向、沉降速度等，研究泥沙的运动规律，找出防治泥沙淤积的有效措施。

据世界著名的基斯拉雅潮汐电站观测结果，挡潮坝上游和下游海床刷深的过程，在运行2年以后就达到了动态平衡，冲刷过程趋于停止。这也表明：在挡潮坝水库内，与天然条件相比，风暴大浪现象消失，再悬浮过程停止，只有少量泥沙通过电站，因此容易实现平衡。但是，我国许多潮汐电站由于蓄水库泥沙不断淤积而废弃。

2. 库底稳定

水库建成后，岩石动力学过程趋于减小，实际上没有发现海床变形。

3. 海冰危害减小

根据对梅津海湾冬季空间监测结果的分析，以及在全俄水工科学研究院冰试验室所开展的冰对潮汐电站影响的模型试验研究，发现潮汐电站有助于减轻水池的冰封状态。

4. 潮差和潮流的改变

潮汐电站会改变潮差和潮流，改变程度取决于电站的规模与位置。据估算，加拿大芬迪湾潮汐电站项目若全部建成，将对几百公里沿海的潮差产生影响。由于共振，美国波士顿地区的水面将上升15厘米，海岸线内退6~8米。这是美国反对加拿大建潮汐电站的原因之一。

5. 水工结构物的防腐蚀和防海洋生物附着

潮汐电站的水工结构物长期浸泡在海水中，海水对水工结构物中的金属部分腐蚀非常严重。同时，海水中的生物也会附着在水工结构上，如牡蛎等，有的厚度可达10厘米，这些附着物不会被水冲掉。附着物会使水工结构流通部分的流通面积减小、阻塞，活动部分卡涩或失灵。因此，必须重视对这些问题的研究。对金属结构物防腐蚀问题，有的电站采用外加电流阴极保护措施，取得了很好的效果。防止海洋生物附着问题，与当地的地理条件、海洋生物种类及生活规律有关，应具体问题具体分析，研究有效的防治措施。

（三）其他

修建潮汐电站具有以下优点：

（1）可以形成新的人文景观，有利于开展旅游活动。

（2）发挥抗暴风浪的护岸作用，减轻洪水和海啸的损失。

（3）减缓大量水体紊动，有利于底栖生物生长。

（4）提供有利于水池内动植物群生长的清洁水，以增加游动的生物量。

第二节　海流发电

一、海流的运动

不严格地说，海流就是海水的流动。这种流动包括月亮和太阳引起的周期性流动和风、密度等因素产生的非周期性流动两种。

（一）海流定常运动

海水沿着一定路径、方向基本不变的大规模运动，称为定常运动。世界大洋环流就是这类最典型的运动（图5-11）。

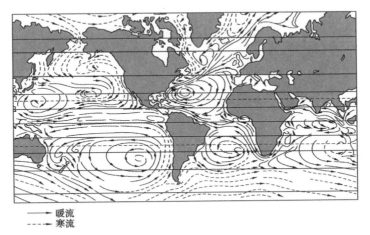

→ 暖流
--- 寒流

图5-11　世界大洋环流运动示意图

在图5-11中，只有流向，没有流速。大洋环流流速较低，一般只有10^1厘米/秒量级，只有靠近日本南岸的黑潮区和大西洋墨西哥湾东部湾流区，流速可以达到10^2厘米/秒量级，具有可开发利用价值。在近岸海域，定常流速都很低（图5-12）。只有近海海峡、特殊地形处，定常流速稍高，可以进行实验性开发。

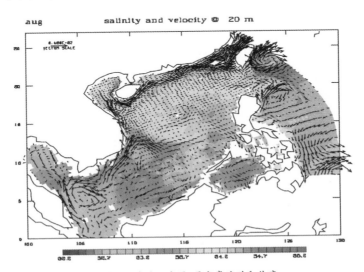

图5-12　南海20米层8月定常流动和盐度

从图5-12中可以看出，南海定常流动速度基本都小于0.6米/秒（图内比例尺箭头长度代表0.6米/秒）。

（二）潮流运动

周期性流动中最典型的就是潮流。实际上，在出现周期性水位升降（即潮汐运动）的同时，还伴随出现水平方向的"潮流"运动。它与潮汐运动一样，也是由月亮、太阳的引潮力而产生的。没有水平方向的潮流运动（图5-13），就不会有垂直方向的升降运动。因此，潮流也是以24小时48分为周期的，细分则有半日潮流、全日潮流和混合潮流三种形式。

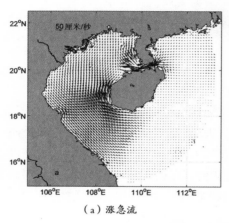

（a）涨急流

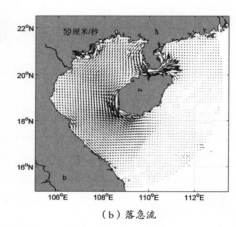

（b）落急流

图5-13 北部湾潮流场分布

由此可见，潮流比潮汐更加复杂，潮汐表现为垂直方向简单的升降，而潮流不仅有流向的变化，还有流速的变化。在沿岸或海湾地区，潮流流向只在两个方向来回变化，称为"往复流"。往复流流速变化显著：有时很大，有时为零。就像一个奔跑的人，突然"向后转"，中间必然要有短暂停留一样。

但是，外海的潮流运动是旋转流运动（图5-14）：有的是顺时针运动，有的却是反向而行；有的近似圆形轨迹，有的却走成"棒槌状"。

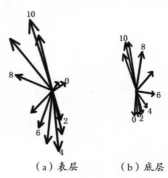

（a）表层　　（b）底层

图5-14 表底层潮流的旋转运动

海流能发电的原理和风力发电相似，几乎任何一个风力发电装置都可以改造成为海流能发电装置。但由于海水的密度约为空气的1000倍，且必须放置于水下，故海流能发电存在着一系列的关键技术问题，包括安装维护、电力输送、防腐、海洋环境中的载荷与安全性能等。

海水的流动产生巨大的能量，与流速的平方和流量成正比。一般来说，流速在2米/秒的海区，其海流均有实际开发的价值。据各种观测及分析资料，全世界海流能的理论估算值约为10^8千瓦量级，而中国沿海海流能的年平均功率理论值约为1.4×10^7千瓦，属于世界上功率密度最大的地区之一，具有良好的开发价值。

二、海流能蕴藏量计算方法

（一）何谓海流能蕴藏量

海流能资源蕴藏量是指海水的总动能。

在大部分海域，海流比较稳定，可以当作准稳态过程，其理论蕴藏量存在着简单的计算公式。

单位时间通过单位面积的海流动能，即能流密度P，计算式为：

$$P = \frac{1}{2}\rho V^3$$

那么，某时间段T内，单位时间通过断面的动能如果按理论公式计算，显得复杂一些，这里我们只给出简化的计算方法。简化的计算方法可以总结如下：

$$N = \frac{1}{T}\sum_{t}^{t+T}\left(\sum P_i \cdot A_i\right)$$

式中：

N——平均功率，单位为千瓦；

A_i——第i个截面网格的面积，单位为平方米；

P_i——第i个网格的能流密度，单位为千瓦/米^2；

T——时段时间，单位为秒。

在整个流截面积内，速度是不一致的，在一段时间内，速度也是变化的。为了保证尽可能准确，平均功率是某个时间段内的平均值，平均动能通量应在每个单元格内分别进行计算，网格的精度由数据精度决定。

（二）海流能可开发量估算

实际蕴藏量只有其中的一小部分能够转化为可用电能，有实际意义的是可开发量的计算。资源可开发量是海流能蕴藏量的一部分，海水总动能不可能完全提取转化为电能，资源可开发量不单纯取决于当地海流能资源量的多少，还受控于当时的技术水平和经济发展以及当地的资源环境要求，实际是个动态的概念。

资源可开发量是在技术可行、环境容许和经济合理的前提条件下，最大可能开发的资源量。资源可开发量可细分为技术可开发量、环境可开发量以及经济可开发量。

1. 技术可开发量

技术可开发量是指在一定的技术水平下有可能被开发利用的海流能资源蕴藏量。它只与当前的技术水平有关。

机组开始发电时的所需流速，即启动速度，一般介于0.5~1米/秒。大于启动速度的海流，在技术上才是可开发的。启动速度跟发电装置类型与性能有关。发电装置的规格、设计、制作、安装、额定功率决定了发电效率。此外，因为摩擦、电力传输过程的损耗等，会损失一部分能量，因此，海流能开发技术决定了海流能能量的转化率，在海流能蕴藏量一定的前提下，转化率越高，技术可开发量就越大；转化率越低，技术可开发量就越小。

2. 环境可开发量

环境可开发量是指受环境因素约束的海流能资源蕴藏量。

首先，要考虑水深的限制：整个海流截面不可能装满发电转子，在顶部，水体不稳定，水位升降以及海浪可能产生的对发电装置的破坏都必须要考虑在内。实际操作时，必须留出水位差和扣除波浪的影响高度，可能还需要为船只安全通过预留一定的深度。在底部，不同的设备有不同的设计规格，如座底式发电装置有一定的座底高度。为了获得更多的能量，应避免靠近海底的低速流区，涡轮必须位于低速的底边界层之上。因此，顶部和底部的空出区域使水道垂向可利用的截面积减少。

其次，水轮机从海流中提取能量的同时对流场会产生影响，有必要考虑水轮机组的布局。横向上，每行水轮机组要留有间距，防止紊流相互干扰。纵向上，转子的下游会形成尾流扩散，每排水轮机组要留有自由流和尾流充分混合的间距。因此，横向和纵向的空出区域将使可利用的水平面积减少。

加之海流发电是从海流中提取能量，势必会对该区域的水动力环境乃至生态环境产生影响。这种影响的程度是很难预测的，它与设备数目、规格、站址的自然特征（包括海区水深以及离岸距离等）有关。为了尽可能减少能量提取对环境的影响，能量开发不应超过一定蕴藏量的比例，这个比例取决于人们对环境影响的容忍程度。

3. 经济可开发量

经济可开发量是指在当前技术、经济条件下，具有经济开发价值的潮流能资源蕴藏量。经济可开发量关联因素较多。

决定性的因素是海流能资源状况，达到经济运行需要一定的高流速。通常认为平均时速为2～2.5米/秒或者更多，是经济发电所必需的。经济运行所需的流速与具体地点和发电设备的性质有关。就我国国情来说，更适合于偏低流速的发电装置，目前平均流速1.5米/秒都可能是经济可行的。

此外，经济可开发量还与发电装置造价、能源价格、输电成本和国家对可再生能源的政策等条件有关。

三、潮流发电形式

潮流主要是指伴随潮汐现象而产生的有规律的海水流，潮流每天两次改变其大小和方向。而潮流能发电则是直接利用涨落潮水的水流冲击叶轮等机械装置进行发电。

潮流能发电技术是近年来发展迅速的新技术。潮流能发电装置的关键技术是潮流能获取装置。近一二十年来，人们提出了五花八门的潮流能获取装置（图5–15），但大部分为旋转类水轮机。又由于潮流能发电和风力发电都是利用流体的动能发电，故许多潮流能获取装置的灵感都来源于各种风力机，采

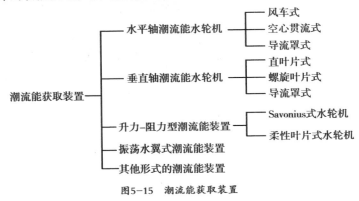

图5–15　潮流能获取装置

用了许多类似风力机的结构。

（一）水平轴式涡轮机发电

这种水轮机类似于常见的大型风力机，其水流方向与旋转轴平行，利用水流推动叶轮旋转桨叶发电。

英国Marine Current Turbines公司是目前世界上在潮流发电领域取得最大成就的公司之一。 他们研发的"SeaFlow"是300千瓦潮流能发电装置，也是世界上第1台大型水平轴式潮流能发电样机，如图5-16所示。该装置水轮机转子直径11米，于2003年5月建成发电。机组的传动系统被安装在一个刚性管桩上，然后利用基桩式技术将其固定在海床上，水轮机转子的升降由液压油缸带动。

图5-16　世界上第一台商业化潮流发电机SeaFlow

芬迪湾使用的大功率发电设备，名字叫OpenHydro，最大发电量可以达到1兆瓦（图5-17）。这种设备是固定于主流向上，只能在落潮或涨潮时发电。结构简单，便于维修，设计寿命可达25年。由于芬迪湾流速很强（超过5米/秒），因此，虽然单向输出，但最大功率可达200千瓦。一台发电机就可保证200个家庭的正常用电量。

图5-17　芬迪湾OpenHydro10米透平（OpenHydro公司提供）

（二）垂直轴式涡轮机发电

加拿大蓝能公司（Blue Energy），是国外较早开展垂直轴潮流能发电装置研究的单位。其中著名的Davis四叶片垂直轴涡轮机就是典型的代表，如图5-18所示。位于下部的水轮机的叶片呈圆周分布，与转轴平行，水轮机通过齿轮增速箱与上部发电机相连。水轮机转子置于一导流罩中。目前，蓝能公司垂直轴潮流能水轮机的最大单机功率为250千瓦。该公司一共研制了6台试验样机并进行了相关的测试试验，最大功率等级达到100千瓦。通过长期的试验研究发现，在样机中使用扩张管道装置可以将系统的工作效率提高至45%左右。

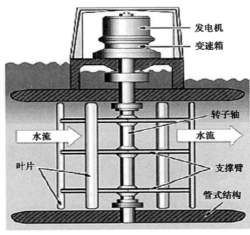

图5-18　Davis四叶片垂直轴涡轮机剖面图

此外，转子也有设计成"麻花"式的（图5-19）。

图5-19　Gorlov垂直轴式螺旋透平（来自Lucid Energy）

中国海洋大学研制的柔性叶片水轮机，也是属于这种类型（图5-20）。柔性叶片水轮机叶片采用高分子薄膜材料、帆布等柔性材料直接剪裁成形，相比于传统刚性叶片需专门设计、特殊工艺加工大为简化，易于维护、保养和更换，特别是当做成较大装机容量水轮机时，柔性叶片在加工、运输、维护上体现出无可比拟的优势，同时，柔性叶片具有重量轻、造价低廉、耐腐蚀的独特优点。

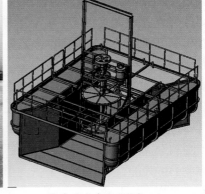

（a）双浮体升降式结构　　　　　　（b）海上实验水轮机

图5-20　柔性叶片水轮机发电装置

（三）水平轴式和垂直轴式比较

1. 安装方式

图5-21给出了水平轴式和垂直轴式的安装方式，从中可以看出，主要为漂浮式、座底式和桩柱式三种。漂浮式：通过刚性或柔性的锚链将载有发电机组的浮体固定在海上；座底式：通常由一个大体积混凝土和钢架组成，依靠结构的重量将发电机组固定在海底；桩柱式：通过将一个或多个钢柱钻或钉入海底来固定发电机组。

两者比较，漂浮式基本相当，但是座底式有明显的不同：水平轴式以座底式最多，而垂直轴式却最少。座底式优点：安装和制造成本较低；系统适用不同水深；受波浪的影响很小；碰撞的危险性不大。但是，垂直轴式座底安装不如桩柱灵活，转动力矩较大。

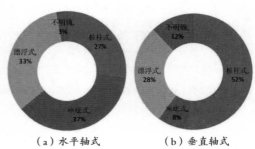

（a）水平轴式　　　　　　（b）垂直轴式

图5-21　水平轴式和垂直轴式安装方式比较

2. 控制系统难点

控制系统的难点，除了实现发电机的启动、停机以及储能、放电等功能外，还需要克服湍流对系统的影响。湍流意味着发电机系统获取电能时会产生波动，因此，控制系统必须允许发电机的转速和扭矩在一定范围内发生变化，这样使电能输出平稳、最大化获取动能，同时减小结构载荷。流速流向随涨退潮而变化，因此，控制系统需要实现叶轮的朝向变化，适应大的流速变化范围，叶轮制动平滑且轻柔，通过调向控制使叶轮在流速超出额定值时遭受的动载荷最小化。

3. 叶轮叶片

对于叶轮叶片的数量，目前一般采用两叶或三叶。三叶片叶轮的效率较两叶片稍微高一点，平衡性更好，因此，变速箱和整体结构的疲劳载荷要小。但是对于大型海流发电机，两叶片叶轮的优势在于它的适用性和经济性。因为无论安装拆卸都很容易放置于甲板上，出水维护也不需升得太高。结构简单并能减少摇摆驱动机构。另一个很大的优点是水动力在叶轮和支撑结构间的交互影响要比三叶片叶轮小很多。

（四）振荡水翼式系统发电装置

典型代表是Engineering Business有限公司开发的"Stingray"装置（图5-22）。Stingray属于可变叶片系统，由一个"水上飞机"组成，可以通过一个简单的装置根据来流改变它的攻角。引起支撑臂垂直振荡，轮流迫使液压缸延伸和收缩，从而产生了用于驱动发动机的高压油，进而产生电能。整个装置完全浸没在水下，并固定在海床上。

2002年8月，第一架150千瓦Stingray原型示范机组在英国设得兰群岛附近的耶尔海峡进行了试验。实验结果显示，在流速为1.7米/秒的海流中，可以达到的电力峰值为45千瓦，平均电力为40~50千瓦。

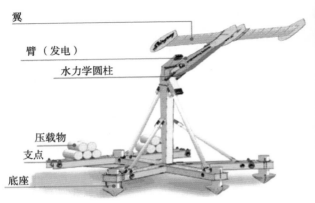

翼
臂（发电）
水力学圆柱
压载物
支点
底座

图5-22　Stingray潮流发电机

（五）洋流发电

洋流发电，也就是常流发电。和潮流发电不同的是，潮流方向多变，而常流方向基本固定。缺点是，洋流流速较低，水深。因此投资较大。

在所有的洋流中，有一条洋流规模十分巨大，堪称洋流中的"巨人"，这就是著名的美国墨西哥湾流。它宽60~80千米，深700米，总流量达到7400万~9300万米³/秒。比世界第二大洋流——北太平洋上的黑潮，要大将近1倍，比陆地上所有河流的总量则要超出80倍。若与我国的河流相比，它大约相当于长江流量的2600倍。

黑潮的流域范围大体为宽250千米、深1000米，流速在1米/秒以上时流域范围为宽30千米、深300米。黑潮蕴藏的动能极大，相当于每年发电1700亿千瓦·时，流速在1米/秒以上的流域为900亿千瓦·时。

利用黑潮发电的方式有：全流向纵轴式、电磁式等。根据不同流速采用不同方式。为了达到黑潮发电的目的，首先要调查海流特性和海底地形地质来制成有关海域的流速持续曲线和选定发电设备固定方法，在此同时，还必须研究耐海水材料、海流发电的基本技术和发电装置。

还有一种称为"增速式海流发电"。即将改装的驳船停泊在大洋的强流区中（如黑潮、湾流），驳船两侧装有水轮机，开始水轮机的转动速度很慢，每分钟只有几转。之后通过多级传动增速系统使转速提高到1000转/分，以驱动在船上的发电机发电。发出的电力可以通过海底电缆传输到海岸上，和岸上的风力发电、太阳发电结合起来。

第三节　波浪能发电

一、波浪能量

（一）波浪能计算公式

波浪是海水中的一种波动现象。通常所说的波浪，是指海洋中由风驱动产生的波浪，包括风浪、涌浪和混合浪。无风的海面也会出现波浪，这大概就是人们所说的"无风三尺浪"的证据，但事实上它们是由别处的风引起的波浪传播来的。

波浪中所储存的能量，称为波浪能。

波动中水质点的运动产生动能，而波面相对平均水面的铅直位移则使其具有势能。对于小振幅重力波，单位截面铅直水柱内的势能为：

$$e_p = \frac{1}{2}\rho g\zeta^2$$

式中：

e_p——单位截面铅直水柱内的势能；

ζ——波面高度（振幅）；

ρ——海水密度；

g——重力加速度。

沿波峰线单位宽度一个波长内的势能为：

$$E_p = \frac{1}{16}\rho g H^2\lambda$$

式中：

H——波高；

λ——波长。

取波峰线方向单位宽度，自表面至波动消失处（深水波），一个波长所具有的动能为：

$$E_p = \frac{1}{16}\rho g H^2\lambda$$

可见在一个波长内，波动的势能与动能相等，其总能量为：

$$E_p = \frac{1}{8}\rho g H^2\lambda$$

以上为理论上计算波浪能的方法，这个方法为实际计算波浪能提供了理论框架。

（二）波浪能转换

其能量与波高的平方和波长成正比。波浪能利用的研究主要集中在波浪能转换装置的发明方面，全世界有关波浪能技术的专利已超过1500项，波浪发电领域被称为"发明家的乐园"。波浪能发电系统的能量转换过程主要分为如下三个部分：

1. 一级转换

即将波浪运动的动能转换成装置所持有的动能或水的位能或中间介质的

动能与压强能等。

2. 二级转换

即将一级能量转换所得到的能量转换成旋转机械的动能并传输，如水力透平、空气透平、液压马达等。

3. 三级转换

即将旋转的动能通过发电机转换成电能。

不过，值得注意的是，上述所说的三级转换是个一般的过程，并非所有转换装置都要经过这三级转换，二级转换有时可以省略，直接从机械能转换为电能；也有的转换装置是不按照这三级转换的，如收缩波道式转换装置，其是将波浪能转换为势能，然后利用低水头水轮机发电。

据有关资料估算，全世界沿海岸线连续耗散的波浪能功率达27×10^8千瓦，技术上可利用的波浪能潜力为10×10^8千瓦，全世界波浪能最高海域主要集中在大西洋北部、太平洋东部美洲沿岸和澳大利亚的西海岸。波浪能发电的关键技术是中间转换装置，经过20世纪70年代对多种波浪能装置的实验室研究和20世纪80年代的实海况试验及应用示范研究，波浪发电技术已逐步接近实际应用化水平。

二、波浪能发电

不像风力发电技术那么统一，波浪能发电技术还是各种各样，目前很难判断哪种技术会胜出。这也跟波浪本身的特点有关，世界各地波浪能资源分布不均（图5-23），很难统一技术，因为波浪能吸收原理、适用水深和建造位

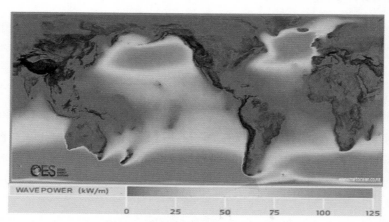

WAVE POWER (kW/m)

0　　25　　50　　75　　100　　125

图5-23　世界波浪能分布（郭彬，2012）

置都不尽相同。

总的来说，波浪能发电装置主要由波浪能吸收系统和动力输出系统组成。波浪能吸收系统把波浪能转换为载体的机械能。动力输出系统把载体的机械能转换为电能。正在运行或试验的波浪能发电装置数目繁多，通常有几类划分方法：按照装置系泊方式的不同可以分为漂浮式和固定式；按照波浪能吸收原理不同可分为振荡水柱式、点吸收（振荡浮子式）、摇摆式、垂直摇摆式（筏式）、收缩波道式、鸭式等技术；按照装置摆放位置的不同可分为岸式、近岸式、远海式。波浪能吸收原理很大程度上决定了装置的吸收效率、工作条件和设计结构。接下来介绍一些典型的波浪能发电装置。

（一）振荡水柱式

振荡水柱式又称为水—气传动式，即利用发电装置外波浪的自由运动，推动发电装置内水柱的垂直运动，进而压缩或松弛装置内空气的密度，造成方向相反的两种空气流去推动空气透平，进而带动发电机发出电来。在这种发电装置中，空气是重要的介质。

1. 固定式气体传动

波浪发电机固定于岸边直立的空气室中，当波峰到达时，外气室内空气受到压缩，然后沿着竖直通道向上运动，推动透平机（空气涡轮机）旋转，带动发电机发电；当波浪由波峰向波谷转移、波面高度降低时，气室内空气压力降低，空气从顶端阀门进入，再次推动空气透平，带动发电机发电（图5-24）。

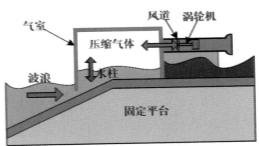

图5-24　固定式气体传动发电（程佳佳，2013）

1996年，一个20千瓦的振荡水柱波能装置在大万山岛进行了试验。2001年，始建于1998年的100千瓦岸式振荡水柱波能电站在广东汕尾遮浪镇投入运行，如图5-25所示。

图5-25　广东汕尾100千瓦岸式振荡水柱波能电站

2. 浮动式气体传动

浮动式波力发电总体构架都悬浮在海水中。由于气室沉放在海面以下，气室入口处波高小于海面，且受到较窄的入口限制，因此，波浪传入受到限制，室内水面没有较大变动。当浮体随波浪上升时，气室内水体受重力作用迅速流走，容积增大，气压降低，空气经"进气"阀门进入气室。当浮体随波浪下降时，气室容积减小，受压空气将气室"进气"阀门关闭，压缩空气只有经"出气"阀门冲入透平室，推动涡轮旋转，带动发电机发电（图5-26）。

（a）装置　　　　　　　　　　　（b）原理

图5-26　浮动式波力发电原理

天津大学程佳佳，对上述浮动式发电提出一种改进方法（图5-27）。机械系统中浮子由于受到波浪冲击和缆绳拉力在竖直方向上做升降运动，从而带动输入传动轴旋转，角速度为ω_p，经过离合器和双动式棘轮后，输出传动轴上的角速度为ω_r，且为单方向旋转，并由相应的输出转矩T_m带动发电机旋转。图中，浮子用于捕获波浪能。浮子由缆绳连接在滑轮的一端，缆绳的另一端为反作用平衡体（位于水面以上）。反作用平衡体用于保持缆绳的张力，并对装置的固有频率进行控制。离合器主要起机械保护作用，当输入转矩过低和过高时，离合器均使输入轴和双动式棘轮分离，从而实现对系统的保护。

电气系统中低速直驱式永磁同步发电机通过AC-DC-AC变换器和电网系统相连，该变换器包含两个以IGBT为基础的背靠背电压源型变换器，中间用滤波电容相连，可控制直流母线的电压和输送到电网的功率和频率。当发电机的转矩和频率随着波浪大小和周期等的改变而变化时，此系统结构即可保证永磁同步发电机的高效率，又可以保证变换器输出侧电压和频率的恒定。

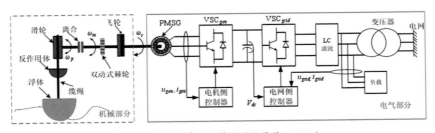

图5-27　浮子波浪发电系统（程佳佳，2013）

（二）点吸收式

点吸收式，就是在一个固定点，将波浪上下波动的势能（波浪总能量的一半）转变成电能。基本原理就是利用波浪上下起伏的运动，抽水、压水进入中央水池，再利用高水头推动透平——发电机发电；或者利用波浪上下起伏运动，带动一组导电线圈在固定磁场中往复运动，产生感应电流发电。

1. 阿基米德发电装置

这种波浪泵是由垂直运动的管子（包括平阀门）和海面浮标两部分构成的。当浮标向上运动时，管中的水柱按惯性作用要向下运动，但由于阀门适时的关闭，水柱无法下降；当浮标随波浪向下运动时，惯性力又使水柱继续向上运动，冲开阀门，水柱不断升高，当水达到一定高度时，然后带动透平，透平的转动就可使发电机发出电来。阿基米德海浪发电装置（图5-28）就是这种代表。

图5-28　阿基米德海浪发电装置

2. 电磁感应式发电装置

变化的磁场可以在固定的、导体线圈中产生电场；同样磁场不动，运动的导体线圈内也会产生电场，线圈自由电子在电场力作用下作定向移动而产生电流即感应电流（图5-29）。

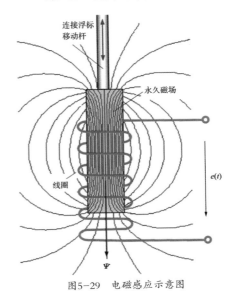

图5-29　电磁感应示意图

从能量守恒角度说，就是机械能转变成电能。

（三）摇摆式

摇摆式，就是利用波浪的动能（波浪能量的一半），推动一种吸能装置前后摆动，然后带动一根拉杆和活塞，将水压入一个储水池，再利用储水池中较高水位带动透平、发电；或者直接利用高压水去带动透平、发电。荡波（WaveRoll）式发电装置就是典型代表（图5-30）。

（a）WaveRoll的装配　　　　　　　　（b）海底工作示意图

图5-30　AW能源公司的WaveRoll外形及工作示意图

荡波式发电装置的下部锚定在海底，在波浪推动下可以绕枢轴前后摆动。然后拉动一个具有活塞的泵，最终将波浪的动能变成电能。变成电能的途径有两个：一个是直接用高压水去驱动发电机发电；另一个是将高压水输送到岸上一个水力系统中发电。

除去荡波式发电装置以外，还有布里斯托尔（Bristol）圆柱式、牡蛎式、萨蒂尔鸭子（Salter duck）（图5-31）等发电形式。萨蒂尔鸭子构思巧妙，原理完美，理想运行下，转化效率高达90%。但是，其结构相对复杂，暴露在海水中的活动部件多，容易损坏，可靠性比较差，适用于具有规律波浪的理想海况。

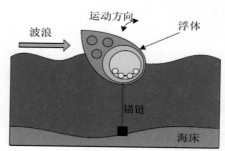

图5-31　萨蒂尔鸭子

（四）垂直摇摆式（筏式）

前面所有发电装置，都是点源式或近似点源式提取波能，即波浪传播到发电装置的那个"点"上，能量才能被提取和转化，发电装置对"点"外波能无能为力，因此发电量不高。此处介绍的是"面"式波能提取装置，即利用多节的、浮动筏式设备，放在与海浪传播方向一致的水面，利用波形的高度不同，"挤压"水体去推动透平，带动发电机发电。

1. 柯克魁尔筏式发电

克里斯托弗尔·柯克魁尔设计出一种浮动筏式的波浪发电装置（图5-32），长长的、多节的漂浮体和波浪传播方向平行。沿着传播方向，波浪的不同高度引起连接处弯曲，而这些弯曲又连接在水力泵或其他转换器上。随着波浪的起伏变化，一个浮筏上的活塞在另一个浮筏的圆柱体内来回运动。

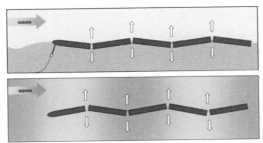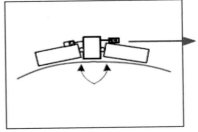

图5-32　柯克魁尔筏式发电示意图

2. "海蛇"（Pelamis）

"海蛇"是柯克魁尔筏式发电的发展。最初的"海蛇"为一长形之半潜式装置，总长150米，直径3.5米，总重量达700吨。前端鼻部用缆线固定于海底，松弛缆线让长形主体朝着波浪来的主方向自由摇摆，以撷取最大的波浪位能（图5-33）。其设计类似风力发电机组之追风转向。

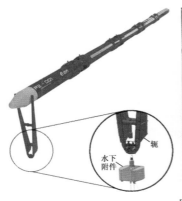

图5-33　"海蛇"头部

（五）聚能式

通过特殊结构将海浪引导进入高位水库，将波浪能（包括势能和动能）转化为水的势能，发电原理和传统水电站发电原理类似。

这种发电装置输出的电能稳定，发电装置可靠性好，但是结构尺寸巨大，建造困难。其中2003年，丹麦的Wave Dragon波浪发电装置已经入网发电，发电原理如图5-34所示。该发电装置受波高和周期的影响小，具有较低的维护费用，发电稳定，可靠性高。但是对地形和波道有严格的要求，不易推广。适用于地形狭窄区域。

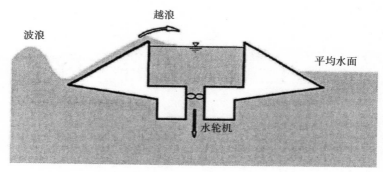

图5-34　Wave Dragon聚能式发电装置

三、我国波浪能资源开发条件

（一）中国海及邻近海域波高分布

法国国家空间研究中心（CNES）的卫星海洋学存档数据中心，提供了多个卫星如ERS-1、ERS-2、GEOSAT、JASON-1、SEASAT、SPOT和TP的信息和数据，选取融合数据卫星资料有效波高数据，得到冬季1月多年平均有效波高（$H_{1/3}$）分布（即在100个波的连续观测中，如果按波高大小排列，前33个波高平均值）［图5-35（a）］和夏季7月多年平均有效波高（$H_{1/3}$）分布［（图5-35（b）］。

总体上，除南海外，我国近海为北部小，南部大；南海沿岸为粤东和西沙地区大，其他地区小；东海和粤东沿岸及西沙地区是中国波浪能资源最富集的地区。有效波高的分布也具有明显的季节变化，趋势是：冬季最大，夏季最小。我国近海的有效波高（$H_{1/3}$）分布是：渤海沿岸为0.3～0.6米；山东半岛、苏北、长江口、台湾海峡西岸、粤西、海南岛和北部湾沿岸为0.6～1.0米；渤

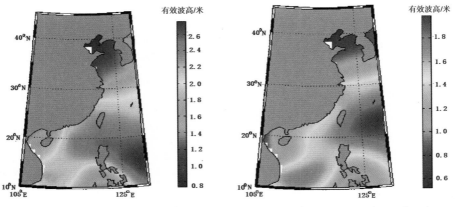

（a）冬季1月多年平均有效波高分布　　　（b）夏季7月多年平均有效波高分布

图5-35　冬季1月及夏季7月多年平均有效波高分布（管轶，2011）

海海峡、浙江、福建北部、台湾东部和粤东沿岸为1.0~1.7米；西沙地区为1.4米左右。

（二）理想的波浪电站站址

1．平均波高大

伯德等提出的按年平均有效波高，分海岸带波浪能高低的标准是：$H_{1/3}>1.0$米为高波能区，0.3米$<H_{1/3}<1.0$米为中波能区，$H_{1/3}<0.3$米为低波能区。此标准可作为波浪电站选址的参考。但是，根据王传崑1989年中国沿海农村海洋功能资源区划，以年平均波高（即在100个波的连续观测中，如果按波高大小排列，前10个波高平均值）为指标，得到中国沿岸波浪能资源区划（表5-2）。

表5-2　中国沿海波浪能区划（$H_{1/3}$以米为单位）

项目	一类区域 $H_{1/10}\geq 1.3$	二类区域 $0.7\leq H_{1/10}<1.3$	三类区域 $0.4\leq H_{1/10}<0.7$	四类区域 $H_{1/10}<0.4$	波功率 /10^4千瓦
辽宁	—	—	大鹿岛、止锚湾、老虎滩段	小长山岛、鲅鱼圈段	25.51
河北	—	—	秦皇岛、塘沽段	—	14.36
山东	—	北城隍、千里岩段	龙口、小麦岛、石臼所段	成山头、石岛段	160.98
江苏	—	—	连云港附近	吕四段	29.13
上海市	—	佘山、引水船段	—	—	16.48

（续表）

项目	一类区域 $H_{1/10} \geqslant 1.3$	二类区域 $0.7 \leqslant H_{1/10} < 1.3$	三类区域 $0.4 \leqslant H_{1/10} < 0.7$	四类区域 $H_{1/10} < 0.4$	波功率 $/10^4$千瓦
浙江	大陈段	嵊山、南麂段	—		205.34
福建	台山、北礵、海坛段	流会、崇武、平海、围头段	东山段		165.97
台湾	周围各段	—			429.13
广东	遮浪段	云澳、表角、荷包、博贺、硇洲段	下州岛附近、雷州半岛西部		173.95
海南	西沙（永兴岛）	铜鼓嘴、莺歌海、东方段	玉苞、榆林段		56.28
全国	—				1284.3

但需特别指出，全国沿岸还有很多著名大浪区，因迄今仍无实测资料，故尚未统计在内；台湾地区因缺少沿岸的波浪资料，其波浪能理论平均功率是利用台湾岛周围海域的船舶报波浪资料，折算为岸边数值后计算而得，未经岸边实测资料检验，因此以上结果只能作为台湾地区沿岸波浪能资源数量级的参考。

2. 波浪电站选址应考虑的因素

基岩港湾海岸的突出部位和外围海岛的向外一侧海岸波浪传入近海、岸边后，会因水下地形影响发生折射而形成辐聚或辐散，从而造成能量的集中或分散，还会因海底摩擦和破碎而损耗能量，这些均是波浪电站选址应考虑的重要因素。

3. 前方无岛礁遮挡且海域开阔

为了使转换装置能吸收来自各个方向的波浪能量，波浪电站应尽量选择在前方无岛礁遮挡、海域开阔的地方，并且最好选取装置能与主波向成正交的岸段，以增加装置的吸能效率。

4. 平均潮差较小

对于固定装置而言，潮差大是不利的。潮差大会影响波浪对吸能部件的作用时间，从而降低装置的吸能和发电时间。

5. 适量的居民和社会经济条件

波浪电站站址附近或腹地应有与电站输出电力相适应的经济规模和社会需求及配套条件。如有适量的居民、生产或海洋开发、国防及科学实验实体等对电力的需求，有便于连接的电网系统，最好有丰富的自然资源，有一定的交通条件，有较好的经济社会发展潜力和前景等。

第四节　海洋温差发电（OTEC）

海洋温差能又称海洋热能，是利用海洋中受太阳能加热的表层水与寒冷的深层水之间的温差进行发电而获得的能量。

据计算，从南纬20度到北纬20度的区间海洋面积，只要把其中一半用来发电，海水水温仅平均下降1℃，就能获得600亿千瓦的电能，相当于目前全世界所产生的全部电能。

发电原理很简单，在热带或亚热带海域，终年存在20℃以上的垂直海水温差。利用这一温差可以实现热力循环并发电，足以转化为20亿千瓦的电能。目前在世界温差能领域，以美国和日本的技术最为先进，两国先后研建了一些示范性温差能电站。

虽然海洋热能资源丰富的海区离我们很遥远，而且温差能利用的最大困难是温差太小，能量密度低，其效率仅有3%左右，另外，换热面积大，建设费用高，但是，海洋热能的潜力仍相当可观。

一、温差能的利用

海水是一种热容量很大的物质，海洋的体积又如此之大，所以海水容纳的热量是巨大的。这些热能主要来自太阳辐射，另外还有地球内部向海水放出的热量。

海水表面和深层温度可以相差20℃以上，这种差异可以用来发电。首次提出利用海水温差发电设想的是法国物理学家阿松瓦尔。1926年，阿松瓦尔的学生克劳德成功试验海水温差发电。1930年，克劳德在古巴海滨建造了世界上第一座海水温差发电站，获得了10千瓦的功率。1979年，美国在夏威夷的一艘海军驳船上安装了一座海水温差发电试验台，发电功率53.6千瓦。1981年，日本在南太平洋的瑙鲁岛建成了一座100千瓦的海水温差发电装置，1990年又在鹿儿岛建起了一座兆瓦级的同类电站。

通过海洋温差发电还可以抽取深层海水中丰富的营养物质，增加近海捕鱼量。

（一）如何将温差变成电能

若以工作流体来划分，温差发电可以分成用水蒸气作为工作流体和以某些低沸点物质作为工作流体两种形式。

1. 用水蒸气作为工作流体

用水蒸气作为工作流体，可以称为温差发电的初级形式。温水进入蒸发室之后，在低压下海水沸腾变为蒸汽，推动透平旋转。透平启动交流电机发电，用过的废蒸汽进入冷凝室凝结，而用于凝结的冷水则是由抽水机从深海中抽上来的。两个透平发电机的设计功率为7000千瓦，年发电量为5×10^7千瓦·时（年工作时间以7000小时计）。虽然这个装置的有效利用率不大，但是，如果考虑到综合利用，则可以相应地增加它的经济效益。例如，阿比让电站每年可以获取2000吨廉价的食盐和其他有用的物质（如镁、钾、溴）以及淡水，甚至还可以组织冷冻冰的生产。

后来有人提出：为了减少温差电站的区域性限制，扩大其使用范围，可以在表面水温不高的地区，增加一些辅助设备，例如在浅海湾或人工湖上覆盖油膜，借以减少水分的蒸发，提高温度；或者用塑料薄膜及特制玻璃造成人工温室，阻碍水面的长波辐射，以提高海水的温度；等等。这些意见也都有一些实践成功的例子。

提高OTEC系统循环热效率最有效的途径是提高冷、温海水的温差。温海水与冷海水的温度差至少要在20℃以上才能实现海洋温差发电。按海水表面25℃的平均温度计算，5℃左右的冷海水一般取自千米左右的大洋深处，若要继续扩大温差，则深度会更深。这样一来，不仅投资更大，可利用的海域面积也将大为减少。在海面建一座"浮标式"的太阳池，利用天然阳光"煮"上一池海水，再用水泵将海面的温海水抽出，顺着管道流经被加热的池底。如此一来，池底的高温可将温海水加热至32℃，与洋底冷海水间的温差可提高到27℃。这样经过太阳池的加热，海洋温差发电的效率即可提高10%，达到12%左右，性价比大幅提高。

2. 用低沸点物质作为工作流体

自阿比让温差发电站建成以后，在一般人的眼里，温差发电的技术问题似乎已经基本解决。其实不然，美、英等国的许多科学家曾激烈地批判这种形式，他们认为以水蒸气作为工作流体是温差发电的致命弱点。其主要根据是：

（1）在低温、低压下，尽管水可以"沸腾"，变为蒸汽，但它的密度毕竟太低，单位体积内蒸汽所具有的动能很少。

（2）蒸发器与冷凝器之间能够利用的压力差，只有一个大气压力的3%～4%，因此，在蒸汽的流路上，压力损失必须相当小，否则，它的微小压力差一旦消失，透平就不能做功。基于这种情况，流路的直径要加大，流速要减小，透平也要大型化，这样建设费用就会大得惊人，经济效益极低。

（3）从海洋深处吸取冷却水要装配很长的导管，如果把发电厂建在陆地上，取水管也不能高出波浪破坏力相当大的海面，这就使得施工大大复杂化了。据初步计算，在输出功率为35000千瓦的情况下，导管直径约为7.5米。只有设置这样的导管才能忍受住恶劣的天气，如果再考虑到减少摩擦的话，管子直径还要加大，这样一来，其经费损耗就十分可观。

（4）发出来的电，有1/4～1/3将消耗于自身的工作上，如泵水、排气等，使实际对外输出大大地小于设计能力。

（5）用过的海水排出后，对周围海域可能会产生一些不良的影响，如改变海水的温度、盐度、密度等分布，改变潮流的方向，甚至会使海洋生态系统发生变化等。

1966年，美国的安德逊父子共同提出以丙烷作为蒸发气体的发电装置，这比利用低压水蒸气发电有更高的效率。因为丙烷的沸点与水不同：水在一个大气压下沸点是100℃，而丙烷则是-42.17℃。使用丙烷做介质，用25℃的海水加热即可以迅速蒸发，而不需要人为地制造低压，以及为保持这个低压而增设一些附加设备。丙烷蒸发的蒸汽通过管道推动涡轮发电，其蒸汽密度比同温度下的水蒸气大4倍。用过的丙烷介质蒸汽进入冷凝器，被海洋的深层冷水冷却后，又可经过液体加压器使其在高压下变为液态（而不是把它降到-42.17℃进行液化）。然后再通过高压介质管道送回蒸发器，继续循环使用。从经济与污染角度来看，它都远比火力发电和原子能发电更为有利。

目前，除去利用丙烷作为蒸发介质之外，有些学者还提出其他12种物质，但普遍认为最合适的是氨、丁烷和氟利昂等一些制冷剂，这些物质也都是低沸点的。如氟利昂中，二氟二氯甲烷的沸点是-29.8℃，三氟一氯甲烷的沸点是-40.80℃，氟气的沸点是-188℃，而氨的沸点是-33.5℃。但是，要判断究竟哪一种物质作为蒸发介质最合适，仅仅从沸点上去比较是不全面的。甚至根据温差发电的输出规模和系统组成等的设计条件，其评价也各不相同。如从流量要少这点出发，氨、丙烷和丁烷等作介质比较有利；若从实用规模的发电设备考虑，对于能输出10万千瓦（每台透平能承担25000千瓦的输出，每分钟转数为1800转）的温差发电站来说，氟、丙烷和氨都可以；如果根据海洋温差发电中最重要的部分——热交换器的设计来要求，可以认为氨又是最合适的。因此，综合各种条件和各项要求，用氨做蒸发介质是比较理想的。

（二）热量能的转化效率

利用温度差发电，其能量转化效率我们可以用Carnot定理来计算：

$$W = \frac{T - T_0}{T} \times Q$$

式中：

W——可以做的功（能量）；

T——表层水温；

T_0——底层水温；

Q——热量。

假定表层水温是27℃，底层水温是4℃，于是：

$$W = \frac{(273 + 27) - (273 + 4)}{(273 + 27)} \times Q = \frac{23}{300} \times Q = 7.7Q$$

由此可见，理论上其转化效率有7%～8%，但是，实际只有1.5%左右。许多国家都在努力提高热能转化效率，降低材料费用，减低维修成本，使温差发电能和常规发电进行竞争。1999年，美国建立了250千瓦温差发电机组，其热效率已经接近理论值。

热交换器表面容易附着微生物，使表面换热系数降低，这对整个系统的经济性影响极大。Berger L. R. 等的研究结果表明，当热交换器管道中附着25～50微米微生物时，换热率降低40%～50%。美国阿贡实验室发现，每天进行1小时的间断加氯，可有效控制生物体附着。但这种方法对环境有一定影响，因此仍有待于寻找更合适的方法。1985年夏威夷的实验研究证实，虽然定期对微生物进行清扫可以清除大部分附着的微生物，但长期使用后热交换器表面仍有一层坚硬的附着层不能通过简单清扫清除。另外一项研究表明，使用含有添加剂的海绵橡胶可以有效去除附着于系统中的微生物，然而，这样会使微生物附着并生长速度加快，清扫工作将会越来越频繁。

二、封闭还是开放

（一）封闭式循环发电

封闭式循环发电，就是将工作流体全部封闭、不能流失的一种持续发电方式（图5-36）。例如，利用暖海水和热交换器加热氨（或氟利昂），用氨蒸气推动涡轮机—发电机发电，因为氨在−33.5℃就可沸腾。在另一个热交换器中冷海水使氨再变成液体，再用泵打入蒸发器蒸发，再推动涡轮机旋转，重复工作，不休不止。但是，整个工作流程中，氨是严格封闭不能泄露的。否则发电工作停止，还有可能面临来自环保部门污染环境的控告。

采用封闭式循环发电原理，可建立大型温差发电（OTEC）电厂，理论发电可达100兆瓦。但是，不能产生饮用水，实乃美中不足。

用丙烷等物质做介质，给发电设备小型化提供了有利的前提。海洋温差发电实用化（小型化）成功与否的关键在于热交换器，也就是蒸发器和冷凝器，它们占整个费用的30%~57%。目前美国对封闭式循环系统研究着重于热交换器——蒸发器和冷凝器。以往热交换器都是由抗腐蚀性强的钛制造，造价昂贵。美国国家实验室不久前采用新的塑钢材料，试验表明可以使用30年，成本只有钛交换器30%左右。

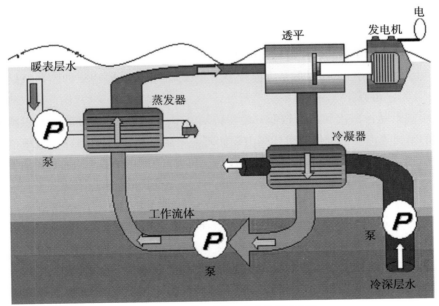

图5-36　封闭式循环发电原理示意图

（二）开放式循环发电

开放式循环发电，是海水在低压下（甚至真空）变成蒸汽，驱动涡轮机—发电机发电。然后用深层冷海水将蒸汽冷却，变成淡水，送入贮水池中供灌溉和饮用（图5-37）。

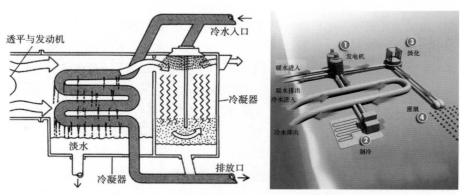

图5-37　放在陆地上的开放式循环发电系列示意图

开放式循环发电也有很多优点：

（1）用海水作为工作流体，从而消除了氨水、氟利昂等有害流体对海洋环境的污染。

（2）在真空室内直接蒸发，比封闭式循环的热交换器造价低而且效率高，可以用廉价的塑料制造管道和部件。

（3）被腐蚀和淤塞的危险性较小。

（4）可以获得淡水。

缺点是：蒸汽和压力较低，需要特别大型涡轮机，而且要安装在保持真空的密封壳内。美国佛罗里达州太阳能研究所用4年时间设计了一个发电能力为165千瓦的开放式发电装置，如果成功，可以开发出5000～15000千瓦的发电站。1000千瓦的海洋温差发电，一天可产生1.6万瓶纯净淡水。

（三）混合式循环发电系统

混合式循环发电系统综合了开放式和封闭式循环系统的优点，以封闭式循环发电，但用温海水闪蒸出来的低压蒸汽来加热低沸点工质（图5-38）。这样做的好处在于减小了蒸发器的体积，节省材料，便于维护，并可收集淡水。

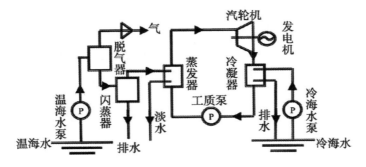

图5-38　混合式循环发电系统示意图

三、新材料带来新思考

（一）热力发电方式

其发电原理是：利用两种导体接点之间存在温差情况下会产生电动势的塞贝克效应。以往由于电动势小、效率低等原因，仅仅局限于仪器检测领域内使用。但是近年来，半导体与化合物领域不断成功研制出许多新颖的热电材料，因而其逐渐被用作人造卫星、微波中继以及军事方面等特殊用途的动力源。这种热力发电有如下优点：

（1）由于不存在活动的设备部件，因此容易维修保养，运转可靠性高。

（2）不使用氨或氟利昂之类的工作介质，因此安全可靠。

但是，唯一缺点是能力转化效率低。现在还不到实用阶段。

（二）利用相变物质，制造"永动"机器人

2010年4月，美国国家航空航天局（NASA）推出了一款远洋"永动"机器人，学名缩写为SOLO-TREC（Sounding Oceanographic Lagrangian Observer-Thermal Recharging Electric Conversion）。这是首款完全使用可持续能源的机器人。这个项目经过了5年的研发，现在终于问世。

它实际上是一个充满蜡（精确地说，这种蜡是特殊相变物质）的浮标，从周围的温度差中吸取能量。自从2009年11月以来，它每天可以"不知疲倦"地在夏威夷西部海岸附近下潜三四次，深度可达500米。它在从冰冷的海底升到温暖的海面的过程中吸收热能。它的一些油管外面是装着两种蜡的舱室。温度超过10℃，这些蜡就从固体变成液体，膨胀出13%的多余体积。温度低于

10℃时，就会收缩。这种膨胀／收缩制造出高压油，被收集起来之后定期释放，驱动液压发动机产生电量，并为电池供电。产生的能量足以保证它的下潜和上升，还能保持自身传感器、GPS接收装置和通信设备等的运转。它较少受到易变天气等不利因素的影响，可以帮助科学家收集盐分、洋流等海洋信息。不久，NASA将批量生产这种无人潜水装置。

第五节　浓度差、太阳能和风能发电

一、浓度差发电

（一）浓度差发电基本原理

用半透膜将淡水与咸水隔开，淡水就力图降低咸水浓度，于是淡水分子千方百计渗透到咸水一边，以便完成这个夙愿。不过，咸水这一边"并不领情"，通过提高水位，建立反向压力差，阻挠淡水分子渗透。于是渗透和反渗透展开一场拉锯战，可是科学家却从这里看到商机！

大洋海水具有35‰的盐分，即1吨海水中有大约35千克的盐量。而近岸有众多河流入海，它们则是淡水。倘若不加以限制，那么，经过一定的时间，淡水与海水就会混合，盐的离子向淡水扩散，直至盐分均匀为止。然而，如果在淡水与海水之间也放一个半透膜，阻碍它们直接混合，这时就会出现上述实验的情况：只有淡水分子向盐水渗透，直到两者浓度相等为止。根据计算：一直要升到大约240米为止，即大约相当于24个大气压时，这种渗透才能停止。这个巨大压力差，变成水流就可以发出电来。

然而，海水体积太大，淡水体积太小，淡水不可能使海水升高240米！因此也就建立不起"做功的本领"。怎么办呢？科学家又想出一个办法：在海水这一边再建立一个水压塔，这个水压塔朝向淡水一边是半透膜作壁，其余三面则与广阔的海水隔绝，只通过水泵与海水连接。水压塔接一根水平导管，那么，只要其高度低于240米，导管中的海水就会喷射出来，由于导管的出口正对着水轮发电机的叶片，因此其喷射出的水流足以推动着水轮发电机发出电来（图5-39）。由于它是利用半透膜造成的压力差发电，因此又简称为PRO（Pressure-retarded osmosis）。

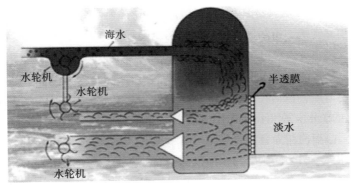

图5-39 浓度差发电

我们可以简单地算出由导管出水喷出的水流所具有的能量，其最大输出功率为：

$$P_{max} = mgh + \frac{1}{2}mv_e^2$$

式中：

m——从出水口流出的海水质量；

g——地球的重力加速度；

h——出水口离海水的高度；

v_e——出水口水流的速度。

这种在海水与淡水交界面上的盐浓度差（或称海洋浓度差）可以产生能量，利用这种能量进行发电，就称为盐浓度差发电或海洋浓度差发电。这种能量的开发利用是不久前才提出来的，它是一种新的海洋动力资源的研究项目。

在一般情况下，导管流出的水量，应由通过半透膜而渗透过来的淡水加以补充。显然，淡水的渗透速度越快，所产生的P_{max}就越大。

尽管这样的装置可以发电，但也存在一些问题：由于海水与淡水间的渗透压差较大，使水压塔中的水柱可高达约240米，这就使得处于水压塔下端的半透膜受压过大，如果这种半透膜所能承受的机械强度不大，那么就会影响其使用寿命，增加停机检修的次数，从而中断发电；此外，由于淡水中的水分子源源不断地向水压塔渗透，必然使其中的海水盐浓度降低，相应的就会引起水柱高度的下降，从而直接影响输出功率。

为了解决这两个弊端，R.S.诺曼博士改进了原装置，增加了一个海水导入泵。他把水轮机与水泵联系起来，海水依然是从导管中流出，但导管的高度却相当于海水与淡水渗透压差的一半稍低些，这样在半透膜上所承受的压强为10～11个大气压。由于半透膜所承受的压强降低，因此它的寿命就可大大延长。同时，海水导入泵既防止水压塔中海水的漏溢，又保证维持水压塔中的海水具有一定的盐浓度，不至于使淡水和海水间的渗透压差降低。而即使把海水导入泵的动力损失包括在内，该装置的综合效率也有25%，因此，只要每秒渗入1立方米的淡水，则可得到0.5兆瓦的输出能量。

（二）第一座浓度差发电机问世

基于10年研究成果，2009年，挪威能源集团投资1300万欧元，在江河入海口建一个海洋浓度差发电厂进行试验。厂房占地2000平方米，发电能力10千瓦。这种新能源十分环保，不排放二氧化碳，没有垃圾产生，不受天气影响。到现在已经运转多年（图5-40）。

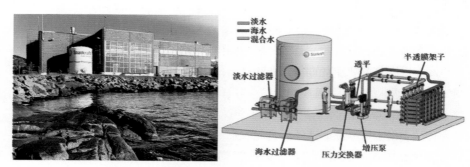

图5-40　世界第一个浓度差发电厂已经在挪威东海岸运转

二、海上太阳能利用

据英国《每日邮报》网站2012年5月4日报道，世界最大的太阳能游艇"图兰星球太阳"号（MS Turanor PlanetSolar）完成环球航行，顺利返回摩纳哥赫尔克里港（图5-41）。

"图兰星球太阳"号于2010年9月27日自摩纳哥起航，整个航程约7.96万公里，耗时长达20个月。此次航行共创造了4项吉尼斯世界纪录，包括太阳能动力船首次环游世界，以及航行过程中停靠6个大陆等。该船到访了美国迈阿密、太平洋的加拉帕格斯群岛、中国香港等地，还在索马里抵御了海盗袭击。更重要的是，它在联合国世界气候变化大会期间到达会议举办地墨西哥坎昆，

图5-41 "图兰星球太阳"号胜利返航

并在那里宣传可持续能源的使用。

耗资1250万欧元建造的"图兰星球太阳"号是目前世界上最大的全太阳能动力双体船，它的甲板上铺设了537平方米的太阳能电池板，为船体两侧配备的4个电动马达提供能量。船上同时配有6个巨型充电锂电池，从而保证该船可以在没有日照的情况下继续航行。船体长31米，可容纳40名乘客。根据其船身大小，电池板提供的能量可使该船最大速度达到14海里/时。

船名中的"图兰"取自英国作家托尔金的小说《指环王》，意为"太阳的能量"。

日本提出在太平洋上建设太阳能岛的设想。该岛所生产的能量，相当于一座核电站的生产能力。这个被称为"海上能源基地"的小岛，将由3000个六角形的浮体组成。在浮体上铺设着太阳电池板，形成一个直径为3千米、面积达7平方千米的圆形太阳能岛。该岛将定位于北纬10～20度，东经150～160度。在小岛附近，还将建一个海上平台，上面安装专用设备，利用太阳能岛所生产的电能，从空气中制取氢气，氢气经液化后运回陆地，替代石油和天然气。由于这一海域接近赤道，阳光照射强烈，太阳电池的发电效率将比在日本本土提高2倍以上，其产生的电能可与一座输出功率为86万千瓦的核电站相当。

我国辽河油田浅海石油开发公司在海南24、葵东101、葵东103导管架采油平台上分别安装上太阳能电池板，产生的电主要用于采油平台远程监视系统和助航系统，替代电网供电，解决了海上采油平台用电难题。

三、海上风能发电

海上风能是海洋上空气流动所产生的动能。由于海面各处受太阳辐照后，气温变化不同，空气中水蒸气的含量不同，因而引起各处气压差异，在水平方向高压空气向低压地区流动，即形成海风。

海上风能资源取决于海上风能密度和可利用的海上风能年累积小时数。风能密度是单位迎风面积可获得的风的功率，与风速的三次方和空气密度成正比关系。据估算，全世界的风能总量约1300亿千瓦，中国的风能总量约10亿千瓦，其中海上风能约7.5亿千瓦，多于陆上风能资源。除了资源量异常丰富，较之陆上风能，海上风能还具有风速高、风力强、少有静风期、湍流小等高风质特点。因此，机组运行稳定，风机寿命是陆地风机的数倍。此外，海上风能还具有单机能量产出较大、节省土地资源和防止噪声污染等优势，这些优势决定了它具有显著的发展潜力。

2010年年底，全球海上风电新增1444兆瓦，累计装机量达3554兆瓦，保持了68.4%的增长速度（图5-42）。这其中大部分来自中国的海上风电场。

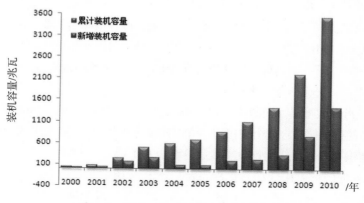

图5-42　2000—2010年世界海上风电装机容量

2007年11月6日，由中国海洋石油总公司投资4000万元建成的我国第一个海上风力发电示范项目在渤海绥中36-1油田正式投产（图5-43）。这标志着我国海上风力发电探索取得实质性突破，我国正式开始了海上风能的利用。该海上风力发电站项目距岸约70千米，水深约30千米。在四腿导管架平台上安装了一台额定功率为1500千瓦、输出电压为690V的风力发电机组，通过一条长约5千米的海底复合电缆（含光纤）将电力送往绥中36-1油田的中心平台，与

图5-43 国内第一座海上风力发电站

平台上的油田电站并网运行。

2008年，Manabe等分别提出了多下浮体型风力发电系统，如五下浮体型发电系统（图5-44）和双下浮体型发电系统（图5-45）。该浮式海上风力发电系统包括箱式系统、半潜式系统、SPAR式系统、巡航式系统等，是一项重要应用。箱式系统适用于较平静的海域，半潜式系统和SPAR式系统适用于恶劣的海域，巡航式系统则是具有自航功能的半潜式系统，可以规避台风灾害。

图5-44 五下浮体型发电系统

图5-45 双下浮体型发电系统

第六章

人工岛

柏拉图在2000多年前描绘的那个令人神往的亚特兰蒂斯岛，在一场火山爆发后永远沉入大西洋的万顷波涛之下。如今阿联酋的迪拜让这座美丽的岛屿再现人间。棕榈岛亚特兰蒂斯——一座超七星级酒店，终于出现在历经5年填海造地的人工岛上！

第一节　人工岛的过去与现在

随着陆地资源的紧张和人类科技的进步，人们逐步把目光投向海洋，开发利用海洋资源成为未来发展的必由之路。在沿海地区特别是沿海发达地区，土地、岸线资源日益紧张，一些影响国计民生的重大建设项目已经无地可用，适合港口建设的优良岸线也所剩不多。为了寻找新的岸线和土地资源，近年来填海造地呈现加快的趋势，同时，为避免沿岸围垦所造成的生态影响，海岛资源的开发以及人工岛的建设越来越受到认可和重视。人工岛的好处在于周边空间开阔、受到干扰小、拓展空间广阔、可创造深水岸线、对生态影响相对较小。

一、何谓人工岛

（一）海岛与人工岛的区别

1. 海岛

按照海岛的定义，必须满足以下条件：

一是地理位置必须位于海洋中，四周为海水所环绕，区分于内河岛和半岛；二是海岛在海水处于高潮时高于海平面，在海水处于低潮时仍四面环海水，区分于低潮高地；三是海岛是经长期的地质活动而自然形成的陆地；四是在我国境内，只有面积大于500平方米的陆地区域才能称之为岛。

2. 海上人工岛

是人工围起来的"岛"，不是经长期的地质活动而自然形成的陆地，面积也没有限定。它属于围填海中填海造地用海的一种，与海岛、海域使用以及围填海有着本质的区别。

（二）人工岛的分类

1. 根据用途来划分

（1）是海洋资源开发平台，如在海上人工岛上建设海上能源基地、海洋石油储备基地、海上天然气加工厂等。

（2）是交通运输场所，主要是用来建造海上机场、港口等。

（3）是工业生产用地，如在人工岛上建设大型水电站、核电站、水产品加工厂、毒品与危险品存放基地等。

（4）是娱乐场所，如建造海上主题公园、游艇基地、大型垂钓场、人工海滨浴场等。

（5）是废弃物处理场，用于生活垃圾和工业垃圾处置、废品处理等。

（6）是海上城市，通过科学设计和规划建设海上人工岛为人们提供居住、休闲、养生、生产等综合性海上生存空间。

2. 根据建筑形式来划分

（1）固定式人工岛。又可以细分为海滩人工岛、沙袋式人工岛、铠装斜面人工岛和沉箱式人工岛。在固定式中以填筑式人工岛为主，还有桩式人工岛和重力式人工岛。

（2）浮动式人工岛。20世纪90年代以来，随着造船技术的改进以及温室效应造成的海平面的不断上升，不少沿海国家和地区开始摒弃传统的填海造地建岛方式，转而采用大的软着陆构造和浮体构造来建筑海上人工岛。

二、人工岛开发历史

（一）日本

日本是多山岛国，国土狭小，人口稠密，随着城市化发展，填海造陆非常广泛。日本是建造人工岛数量最多、规模最大的国家，对人工岛的研究也最为深入。早在19世纪初期，出于防卫目的，日本就开始在东京湾建造驻防的岛屿。在20世纪50年代，日本也曾建造了一些岛屿用于开采海底煤矿。在经济高速发展的20世纪60年代，日本在各地区沿海地带围垦以发展工业。到了20世纪70年代，围垦的重点转移到海岸以外的人工岛，作为避免工业污染的一种途径，目前的主要应用是扩建港口设施和机场。

日本有代表性的人工岛主要包括东京湾横断公路川崎人工岛、关西机场人工岛、神户海上城市人工岛等。在人工岛建设技术方面，日本对自然条件、岛壁结构、地基处理、施工组织、生态环保等方面都有较深入的研究。如在川崎人工岛采用2.8米厚、119米长的地下连续墙作为岛壁结构，为当时世界最大的地下连续墙工程，对于海底表层约24米厚的淤泥采用挤实砂桩法和深层水泥拌合法进行软基加固，施工过程中采用大量先进测量、定位技术与工具，以保证质量和安全。

在关西机场人工岛建设中，大量土方通过隧道、皮带机输送装船进行人工岛填筑，护面块体考虑生态效果等；对大尺度近海建筑物周围的局部冲刷等也进行了广泛的试验研究。日本的人工岛建设技术为我国人工岛建设提供了很好的借鉴。

（二）欧美和西亚

"上帝造海、荷兰人造陆"，北海之滨的荷兰围海造陆世界闻名。荷兰的海岸工程历史悠久，成绩卓著，它所在的莱茵缪斯三角洲的土地上，有40%是围海而成的。在1932年须德海围海工程中，32千米大坝横截海湾颈部，把须德海湾与北海大洋隔开，从其中围出1660平方千米土地。目前，荷兰拥有先进的填海技术和经验，不仅在国内有大量工程经验，著名的迪拜棕榈岛也是由荷兰公司建造。

欧美其他地区海上人工岛的主要用途是海上油气勘探，美国加利福尼亚州于1958年建造的Rincon人工钻井岛，离岸915米，位于约14米的水深中。在阿拉斯加和加拿大的波弗特海，20世纪70年代已建了20多座人工岛。

在欧美人工岛的设计中，比较重视对基础资料的分析，包括地质和地基条件、风浪、冰以及海岸变化等，对设计标准、岛壁结构、岛的稳定性、沉降等也都有所研究。

近年来，人工岛建设比较多的国家主要在中东地区，用途主要是城市开发，包括迪拜的棕榈岛、世界岛，以及巴林的安瓦吉岛（amwaj）等。作为城市开发用途，上述人工岛除常规的建造技术外，还重点关注平面形态、景观、水环境和配套设施等。

（三）中国

中国有着建造人工岛的悠久历史，明代嘉靖年间（1522—1566年）已有建人工岛的文字记载。中华人民共和国成立以来，我国沿海一些地带利用海滩、礁石建起了一些人工岛。长江口外用水泥堆成的鸡骨礁可称为我国第一个现代人工岛。1988年8月2日在南沙竣工的永暑礁海洋观测站，也是一座依托礁石建起的8000多平方米的人工岛。1992年建成了中国第一座油气开发用人工岛——张巨河人工岛。该岛位于黄骅市岐口镇张巨河村东南海中，距岸4.125千米，为浅海石油勘探开发开辟了重要途径。这座圆形人工岛外径63.6米，壁高12米，厚1.8米，岛壁为钢筋混凝土结构。

上海是一个有围海造地传统的城市，远的不说，只从20世纪最后5年说起：

1. 芦潮港人工半岛和深水港工程

构筑一条总长30千米的导堤，拦截长江底沙，从而使堤北逐步形成50万亩的人工半岛，堤南侧形成30千米的深水岸线，为建造深水港创造条件。

2. 浦东国际机场的施湾人工半岛

这是位于浦东新区川扬河以南、施湾镇以东的拓地型人工岛，南北长6.2千米，东西宽2.2千米，面积约14平方千米。

3. 长江口人工岛群

有以长兴岛为依托的中央人工岛，以横沙浅滩和铜沙浅滩为依托的铜沙人工岛、浦东新区顾路镇东的顾经人工半岛、海上充填型九沙人工岛、东风沙人工岛等。

4. 杭州湾的洋山人工链岛

这是自然岛与拓地型人工岛相结合的岛屿。规划面积30平方千米左右，深水岸线40千米，有望成为集装箱船的枢纽港。

2003年以来，中国的围海造地运动正在以数倍于过去的速度高速发展。2003年的围海面积是2123公顷，2004年达到了5352公顷，2005年以后每年围海的面积都超过1万公顷，相当于这几年每年中国新增100平方公里以上的土地。

2008年，江苏南通洋口港人工岛龙口成功合龙，标志着中国首座无遮掩外海人工岛施工获得成功。该工程采用"在外海建设人工岛，用陆岛通道连接陆地与人工岛"的模式，这在中国尚属首次。

此外，尚有澳门国际机场。它是我国在海上填筑人工岛作为飞行区的第一个工程。港珠澳大桥跨海逾35千米，成为世界最长的跨海大桥；大桥将建6公里多长的海底隧道，施工难度世界第一；港珠澳大桥建成后，使用寿命长达120年，可以抗击8级地震。中间有东西对称分布的两个人造岛屿，作为桥隧转换的节点。

中国在南海多个岛礁进行了大规模填海工程。英国广播公司甚至派遣记者亲临一线，拍摄这些据称"要建成空军基地"的岛礁工地。在媒体展示的照片中，礁盘上已经形成了边长数百米的人工岛屿，并有不少工程机械正在施工。

三、海上人工岛的战略意义

（一）有利于推动海洋经济发展

众所周知，海洋是人类珍贵的资源宝库，蕴藏着丰富的石油、天然气、矿物和生物资源。据统计，目前海洋已探明石油储量为1350亿吨，占全球已探明储量的13.5%；海洋已探明天然气储量为140亿立方米，占全球已探明储量的50%。20世纪末，海洋石油年产量为30亿吨，是世界石油总产量的一半。我国境内各海域的油气储藏量为40亿～50亿吨。海上人工岛相对于传统钢制钻井平台而言具有建造成本低、建设周期短、使用寿命长、抗冰能力强等优点，因此已成为国际上开发浅海油田的一种重要途径，在拥有20多年建岛历史的美国和加拿大，为开发石油资源已先后建造过几十余座使用不同建筑材料和建筑构造的海上人工岛。自1992年我国在渤海堤岛油田兴建了第一座浅海人工岛之后，辽河油田、大港油田、胜利油田等也陆续在近岸地区建造了一些小型人工岛用于石油勘探与开采工作，海上人工岛建设无疑在深度开发和利用海洋资源、培育海洋经济新的增长极和战略新支点方面发挥了重要作用。

（二）有利于缓解用地矛盾，拓展人类生存新空间

当前我国沿海地区所面临的人口增长、资源短缺与环境恶化等问题日益严峻，用地矛盾突出、城市发展空间不足已经成为制约沿海城市经济可持续发展的瓶颈之一。因此，在当前形势下，通过海上人工岛的建造，有助于充分开发利用广阔的海洋空间增加陆地面积，有效缓解用地矛盾，拓展新的经济发展空间和生存空间。在国土资源严重不足的日本、韩国以及新加坡等沿海国家，通过海上人工岛建设来向大海要土地早就成为其扩大耕地、城市建设和工业生产用地面积的重要举措。

（三）有利于维护国家海洋权益，助推战略新导向

在当前形势下，能否成功经略海洋，已经成为沿海各国维护海洋权益的重要手段。尽管《联合国海洋法公约》生效已有多年，但是，当前各国在海洋开发上的争夺势头不减，岛礁争夺、海底资源的归属、渔业纠纷等问题日趋严峻，这些都对沿海国家的海洋权益维护提出了新的要求。在我国，人工岛应用于海防早在中国明代就有记载，为加强军事防守，古代一般在沿海低潮位以外的海滩上用人工堆成土墩（烟墩，又称烽火墩），形成一座简易人工岛。土墩一般高15~20米，有2~5名士兵看守，每当遇有紧急情况就点燃烽火通报敌情。进入新世纪，面对日益复杂的国际形势，相对于建设航空母舰，海上人工岛是一种可以长期守护中国岛屿和保卫海疆安全的有效方式。因此，众多专家学者呼吁在南沙河西沙群岛大面积修建海上人工岛，以加强对南海的实际控制，维护我国南海的领土完整不受侵犯。

第二节　大型人工岛的功能与要求

一、人工岛的功能

一般来讲，人工岛都有特定的功能，其选址往往受到使用需求的制约，但综合考虑，地质、自然条件等因素仍是选址的重要内容。在我国已建和在建的人工岛项目中，主要包括海上油气人工岛、海上机场人工岛、海上港口人工岛、跨海通道桥隧转换人工岛、城市人工岛、旅游人工岛等。

（一）海上油气人工岛

在选址中，主要考虑资源储存位置和输油的影响。在渤海湾大港油田146平方公里海岸线的滩海、极浅海，埋藏着丰富的油气资源。但是，涨潮一片海，退潮一片泥，坡缓、泥厚、潮差大等种种恶劣海况条件，成了大港油田向滩海进军的"拦路虎"。如今，天津滨海新区最南端的渤海湾上，矗立着3座雄伟壮观的人工岛（图6-1）。这里的原油产量由2007年的不足6.5万吨增长到2009年的22万吨。

图6-1　水深5米的大港油田埕海2-2人工岛

（二）海上机场人工岛

选址主要受空中航路、周边限制条件影响。

澳门国际机场位于澳门氹仔岛—路环岛东侧，整个机场包括航站区和航道区，航道区在海中填海形成陆域，即采用人工岛形式（图6-2）。人工岛陆域面积115万平方米，由南、北两座联络桥与航站区连接。工程地基处理采用换填地基法和堆载排水固结法相结合的方案。

图6-2　澳门国际机场人工岛工程效果图

（三）海上港口人工岛

如江苏沿海辐射沙洲上的洋口港（图6-3），主要考虑航道稳定、淤积冲刷等条件。

图6-3　江苏洋口港

（四）跨海通道桥隧转换人工岛

这种情况则主要根据整个通道的布置确定。最典型的如港珠澳大桥中间的东、西人工岛（图6-4）。

其中通过海底隧道跨越伶仃航道，并在航道两侧建设东、西两个人工岛与隧道、桥梁过渡相接。东人工岛长625米、宽115～225米；西人工岛长625米、宽100～183米。

图6-4　港珠澳大桥东、西人工岛

（五）城市人工岛

世界上第一个海洋城市，应该是日本神户人工岛。在日本神户市以南约3千米、水深12米的海洋上（图6-5），日本人用了15年的时间，耗资5300亿日元，建成了一座长方形的海上城市，总面积为436万平方米。海上城市中有饭店、旅馆、商店、博物馆、室内游泳池、医院、学校以及3个公园，还有6000套住宅和一个休假娱乐场所。他们先是建了一条运输带，将神户西部两座山头上的石头运来填海，这两座山头基本上被削平了，填海用去的石方达8000立方米。在这片被填成陆地的海上城市中，密密麻麻地挤满了高度发达、门类众

图6-5　日本神户人工岛

多的工业区，资本也高度密集。同时，在被削平的山头上，新建了住宅，并修建了一座长300米的大桥将神户与海上城市联成一体。

位于珠海拱北湾南侧的珠澳口岸人工岛，是港珠澳大桥主体工程与珠海、澳门两地的衔接中心（图6-6）。珠澳

图6-6　珠澳口岸人工岛夜景

口岸人工岛填海工程包括几大部分，即人工岛护岸、陆域形成、地基处理及海巡交通船码头等。工程填海面积208.87万平方米，护岸长6079.344米。项目完成后，形成的陆域标高为4.8米，可抵御珠江口300年一遇的洪潮。

（六）旅游人工岛

旅游人工岛要更多地考虑海洋流态和景观的需要，其轮廓多设计成非规则的形状，通过曲线或折线形的岸线布局，借以延长岸线长度，以提高土地开发的价值。迪拜打造的3个棕榈树形状的"棕榈岛"，是目前世界最大的人工岛，被誉为"世界第八大奇迹"；迪拜还建有按世界地图形状布置的"世界岛"，还计划在波斯湾中建造模仿太阳系构造的"宇宙列岛"：将根据太阳、月亮和太阳系其他星球的分布情况来构建；荷兰也计划在其海域填海打造1000平方千米郁金香形的人工岛，取名"郁金香岛"。按照上海市的"海上城市"战略规划，将在杭州湾北侧建造5座白玉兰状的海上人工岛，构成未来的"海上城市"，从陆地延伸出来、连接建造5座岛屿的桥梁就如同花枝；江苏省也提出了被称为"黄海兰花"工程的围海开发远景规划，设想在中国东部沿海形成状如"兰花绽放"的海上人工岛；福建漳州招商局在厦门湾已经开工建设的人工岛，称作"双鱼岛"，规划面积2.2平方千米，外形近似圆形，运用中国古代极具智慧的天地交泰理念，从阴阳和合的"太极双鱼图"中变身成2条白海豚（图6-7）。

上述各种类型的人工岛虽然都受到各自使用功能方面的限制，但其选址并不是不可变化的，人工岛的建设条件也是整个项目比选的一个重要因素，

人工岛位置的波浪条件、地质条件、料源情况会对人工岛的投资产生重大影响，地下断裂带等因素甚至可能影响项目的选址，上述因素在人工岛选址中均应加以重视。对于没有严格条件限制的人工岛，要通过技术经济比较综合确定。

图6-7　厦门太极双鱼岛

二、人工岛建设的条件

（一）严格科学论证

在海上建设大型人工岛，是对当地自然环境的挑战。特别是对于环境敏感区，可以说"牵一发而动全身"。例如，位于珠江口港珠澳大桥中间的东、西人工岛，它们对珠江径流、航道都有影响。反过来，径流和外海传来的潮波相互作用，会引起人工岛周边的流态变化，从而带来新的冲淤平衡。工程的设计必须对工程的后果进行科学预测。科学的预测项目很多，这里我们只将一些关键的研究作为例子。

1. 流态的改变

根据模型试验和数值计算结果，人工岛建成后，受岛体大尺度阻水影响，东、西人工岛附近水域局部流态变化比较明显。在回流区内，形成1～3个尺度大小不等的强紊动小尺度回流。图6-8给出了落潮期间东人工岛周边海

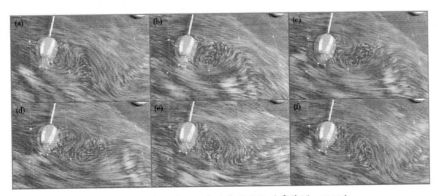

图6-8　落潮期间东人工岛流态的变化（季荣耀，2012）

区回流形成、发育、发展到消亡的一个周期性变化过程。

2. 冲淤变化

为研究人工岛建设引起的泥沙冲淤变化，进行了泥沙冲淤试验。试验结果表明，其中人工岛东、西两端水流受到挤压，流速增大产生海床冲刷作用，在岛桥结合部、岛隧结合部的南北两侧形成3个明显的冲刷坑（图6-9）。冲刷坑的范围和深度随冲刷时间增加而逐步增大，于人工岛建成约1年后，冲刷坑的形态和深度接近稳定状态。

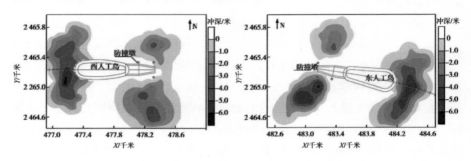

图6-9　东西人工岛周边海床冲刷（季荣耀，2012）

（二）安全的要求

人工岛的四周是防护建筑物，防护建筑物与一般的海岸和港口工程标准并无显著的差别（主要包括使用寿命、防潮防浪标准、沉降标准、抗震标准等）。在构筑方面，一般的码头或防波堤的结构形式，原则上都可用于人工岛的岛壁结构。但由于人工岛的建造环境比码头和防波堤更易受风、浪、流等自然条件的影响，因此，通常要求人工岛的结构整体性更好、预制装配程度更高、海上特别是水下的工作量更少。

人工岛的建设需要进一步研发具有消减波浪与海流能量功能的柔性海洋结构。建立集海洋空间与资源开发、海岸保护、海上交通和旅游观光为一体的多功能柔性海洋工程系统。

护岸的结构形式包括斜坡式和直墙式。斜坡式护岸一般采用人工沙坡，并用块石、混凝土块或人工异形块体护坡；直墙式护岸多采用钢板桩、钢筋混凝土板桩墙、钢板桩格形结构或沉箱、沉井等。当建设石料来源有保障、工程建设范围内无敏感环境影响因素时，人工岛海堤可采用爆夯置换法进行软基处理。爆夯置换法的原理是利用水下炸药的爆炸能量，在极短时间内将地基一定深度范围内的软弱土层挤出，并置换成抛石体（或沙石混合物），利用堤身结构良好的抗滑性，满足上部建筑物的整体稳定。该技术具有施工速度快、工后沉降小、安全可靠等优点，采用该法修筑的海堤结构与一般常规挡潮防浪海堤相比，堤身较宽，既能发挥挡潮防浪的基本功能，又能结合码头岸线开发、围区工业和城镇开发、旅游景观建设等进行多功能开发，具有较好的综合效益。

（三）环境的要求

无论何种形式的人工岛，都是处于复杂的海洋环境中。人工岛对于生态和环保的影响要求尽量减少。在平面形态、填筑方式等方面考虑生态环保的要求，多采用有利于生态环境和环保的技术和方案。

海上人工岛发展规划，是保证海上人工岛得以科学开发、合理保护的重要依据，也是实现海上人工岛综合管理的重要手段。不少沿海发达国家在开发利用海洋资源的过程中始终坚持规划先行，从而形成了完整的规划管理系统。

1. 坚持环境保护优先

围海造地工程并非简单地减少了海面面积，而且带来了很多无法预料的后果——曲折的海岸线被简单地填成直线，那些能净化海水和养育贝类生物的滩涂湿地被石块制的人工堤岸所取代，海豚、海牛和候鸟的栖息地都可能遭到破坏。海口千禧酒店填海工程引发了人们的争论。这个项目令人担心的，除了对生态环境的破坏之外，还有迪拜出现过的人工岛下沉问题。

为了能够在脆弱的环境下实现经济发展与生态保护的平衡，诸多沿海发达国家已纷纷将环境保护放在海岛开发的优先位置。马尔代夫为保护海岛原有生态环境，避免其生态系统遭到严重破坏而制定了"三低一高"的原则，即低层建筑、低密度开发、低容量利用、高绿化率；韩国则对海岛开发使用过程出现的环境问题进行分级管理，以促进海岛资源的可持续开发。

我国应采用生态环保的发展运作模式，以确保海洋生态环境不会因过度开发而受到损害；并根据海上人工岛所处的地理位置和环境条件，因地制宜采取针对性强的有效管理措施，促进海上人工岛的可持续开发。

在人工岛建造和使用过程中，必须安装各种测试仪表和监测仪器，对沉降、位移等随时进行监测控制，以确保建造质量和正常使用。人工岛的监测应该是长期的，这既是安全使用的需要，也为人工岛建设技术的积累和研究提供重要的资料。

2. 积极创新环保技术

海上人工岛的开发和建设是一个漫长而复杂的系统工程，审批、规划、开发、管理等其中任何一个环节出现纰漏，必将对当地的海洋生态环境系统产生毁灭性的影响，因此，对环境因素的重视程度必须远大于对经济利益的追求。在海岛的管理中有诸多的环境保护技术应用，如希腊、日本等国将风能、太阳能等可再生能源优先运用到海上人工岛的开发中；联合国教科文组织在1973年就制定了海岛生态系统合理利用的计划，一批非官方的无居民岛屿环保组织如岛屿资源基金会、岛屿保护与生态组织等也纷纷成立，他们积极地向政府与社会公众大力宣传保护岛屿的必要性和迫切性，并尽可能地为相关部门提供专业的技术援助。我国在海上人工岛环境保护技术的运用上要认真吸取其他沿海国家在海岛生态保护方面的经验教训，坚持科技兴岛，充分发挥政府在海上人工岛管理方面的主导作用，推进建立海上人工岛科技服务队伍、创新人工岛环保技术、加大对海上人工岛环保关键技术的研发力度等措施的落实。

三、吹填——南海的筑岛方式

陆域形成和地基处理是人工岛工程中的两项重要内容，在大型人工岛投资比重中占了较大的份额。对于海上大型人工岛，陆域形成的填料来源是十分重要的因素，最理想的情况是拟建人工岛附近有充足的海沙可供吹填造陆，或者人工岛临近的陆地有大量可供回填的土石方。在上述理想状况不具备时，则需要认真研究填料来源。

南沙群岛向来以礁盘狭小、难以驻守著称。1988年解放军开始常驻南沙群岛时，竹竿、篾席和塑料布搭起的高脚屋因为居住环境恶劣，被戏称为"海上猫耳洞"；混凝土的礁堡面积稍大，但除去菜地之外，空地也只有一小块操场，甚至无法起降直升机。要短时间内在南海变出几个岛来，没有两把刷子是不行的。

说起在南沙群岛填海，一般人首先想到的是从大陆派出货船，运载沙土石料或混凝土预制块填在南海浅滩周围的景象。不过，在远离大陆的南海填海造陆，所需要的沙土量以百万吨计，加上陆沙价格远远高于海沙、无码头水域大吨位货轮需要小船卸载等因素，使这种填海方法虽然技术门槛低，但成本极高、效率极差，对于大规模填海来说并不适用。越南由于条件所限，在南沙群岛非法占据的岛礁上填海时，只能经常使用这样的手法。

南沙礁盘周围大多有面积广大的浅滩，里面最多的就是大量海沙，填海最有效率也是最经济的方法就是将这些沙子利用起来，就地开采使用。如此多的海沙当然不能用抓斗或者铲子蚂蚁搬家，而应依赖于一种更有效率的作业方式——吹填。

吹填一般是指用挖泥船挖泥后，通过管线把泥舱中的泥水混合物排放到近海陆地，将近海淤泥填垫，排除淤泥中的水分，达到一定标高，使之具有可利用价值。为了加快在南海区域的填海速度，中国出动了大量工程船只和机械参与施工，海军甚至专门改造了数艘登陆舰作为"施工队"的生活保障船。在这支船队中，对填海工程起决定性作用的，便是亚洲第一大自航绞吸挖泥船"天鲸"号（图6-10）。

图6-10 "天鲸"号正面

"天鲸"号由上海交通大学、德国VOSTA LMG公司联合设计，招商局重工（深圳）有限公司建造。该船长127米，宽23米，是目前亚洲最大的自航绞吸挖泥船，配备多种当前国际最先进的疏浚设备，装机功率、疏浚能力均居亚洲第一、世界第三。该船同时具有无限航区的航行能力和装驳功能，可以在远海灵活机动，适用于各种海况的大型疏浚工程。

在执行吹填作业时，该船能以4500米³/时的速度将海沙、海水的混合物排放到最远6000米外，每天吹填的海沙达10多万立方米。与此同时，该船装备亚洲最强大的挖掘系统，绞刀功率达到4000千瓦，使其不会被礁盘上的珊瑚礁损坏而影响工作（图6-11）。

有了如此强劲的工程器

图6-11 "天鲸"号船首的绞刀

械，中国在南沙的填海体现出了极高的效率：与越南先修筑围堰，排空海水后再将国内运来的沙土倒入不同，"天鲸"号直接将海沙向浅滩吹填，没有任何围堰设施，也不计较细小的漂散损失。

"天鲸"号在南沙5个岛礁吹填了超过1000万立方米的沙土和海水，大约相当于3个美国胡佛水坝消耗的混凝土。

另一个强力挖泥船是"天麒"号，其是亚洲最大的非自航式绞吸挖泥船（图6-12），由青岛前进船厂建造，生产量为4500米³/时，排距6300米，吹填能力甚至比"天鲸"号更强。该船抗风浪能力强，可挖掘黏土、密实沙土、碎石土和强风化岩，对于需要大量海沙却不需要频繁机动的永兴岛填海工程正是恰如其分。

图6-12　正在西沙进行疏浚作业的"天麒"号挖泥船

第三节　浮岛的兴起

浮岛，顾名思义就是浮动的海岛，是由各种模块连接起来的海上"陆地"。由于其具有模块化的鲜明特点，因此可以针对不同的功能模块，在海上建立起各种用途的浮岛。

一、军用浮岛

如果说航空母舰是海上浮动平台，那么，由各种模块连接起来的浮岛则可看成延伸海上的"陆地"。

目前，这块海上"陆地"不但被设计成为舰艇和商船卸载的码头，更因为设有飞机起降平台而被人们比作变异航空母舰。但浮岛与航空母舰大不相同，它是将众多功能模块一体化的较为固定的海上平台。浮岛采用模块化设计，将各种功能分块设计。如弹药贮存模块、燃料贮存模块、人员居住模块（包括可供大量士兵及航空、海军官兵居住的舱室、厨房、餐厅、娱乐间，以及供水、供电设施等）、物资贮存模块、指挥通信模块（设有后勤指挥和通信设施，可保障港口作业和与直升机的通信联系）、技术修理模块（对舰船和技术装备进行维护）、医疗模块（设有医疗室、手术室、病房、医务人员居住舱以及各种医疗设备）。此外，浮岛上还拥有拖船、起重船等工程船舶，用于保障各类船舶的航渡、锚泊及码头作业。浮岛主要强调基地功能（图6-13）。

图6-13　军用浮岛

通常情况下，除部署期间处于运动状态外，浮岛大多时间都处于静止状态，因此实际上它是一种海上浮动基地。浮岛本身拥有飞机、各型舰艇左右护卫，传感器和电子对抗系统齐全，对导弹、飞机、火炮的防御能力极强，敌方的飞机和水面舰艇几乎不能近身。此外，浮岛拥有巨大的空间，可以装备任何反潜装备，实施反潜战。另外，从主动防御角度来说，浮岛强于现有的任何舰艇和编队；从被动防御角度来说，浮岛由于采用模块化结构，且由多个模块拼装而成，各模块根据要求可装载各类设施，因此个被击中并不影响其他模块的使用和整个浮岛的安全。

美国海军曾进行过多种方案的浮岛研究，其中一种是一个长900多米，由6节舱段组成的浮岛。该浮岛能够储存大量的燃料、淡水和各种军需品，并具有一条能起降运输机和巡逻机的跑道以及许多供维修飞机、舰船和车辆的设施。其巨大的储存能力和维修设施足以支持一个步兵师，甚至是一个有几百辆坦克和其他装甲车的机械化师。该浮岛方案是在十分成熟的钻井平台技术基础上设计的，其结构为半潜式平台，底部用于贮存水和油料，适当改变舱室的压舱物可以升降平台高度，便于重新机动和定位。还有一种方案是由5个单独机动模块构成的浮岛，每个模块长305米，包括动力、推进、控制、起货和空中管制系统。5个模块相连可组成一个长1630米、宽152.5米、距海面36.6米的浮动海上基地。它能以15千米/时的航速航行到世界任何海域，持续力为30天，可抗15米海浪和100千米/时的风速。浮岛上可预置30万吨装备和供应品，7500万加仑油料和5000万加仑淡水。根据初步估算，建造这样一座长近2千米的浮岛要花费50亿～80亿美元。美国耗费巨资建造浮岛的主要目的是减少对盟国军事基地的依赖，最大限度地为美军的海上机动作战提供全方位保障，大大缩短战略部署的时间，同时，还可以起到支持远征舰队保卫深海大洋经济开发区的作用。目前，美国浮岛研制计划已经进入方案的最后评估阶段，并着手建造。

从2000年开始，法国国防部也在研究浮岛，目的是用作介入海外军事行动中的海陆、海空联合作战基地。设想是根据航空母舰和海上石油平台技术，建造一个长1000～1500米、宽300～400米、移动速度为16海里/时的巨大型海上浮岛，可容纳几个月战争所需的设施、部队以及飞机、舰船所需要的火力配备和后勤支援保障物资。

总之，浮岛的特点在于"静"，同时又是"静中有动"，其在军事上具有重大的意义，它所具有的生命力强、可机动、展开速度快和保障能力强的特点，可在战时作为海上前沿基地或由后方基地迅速前往作战海区集结并分类提供作战物资及各项服务，有着十分广泛的应用前景。

二、民用浮岛

（一）浮动水上飞机场

目前，全世界共有10多个海上机场，海上机场的建造方式主要有以下几种：填海式、浮动式、围海式和栈桥式。斯里兰卡的科伦坡机场是用840万立方米的沙石，填入15米深的海中建造的。日本的东京机场、美国的夏威夷机场、新加坡的樟宜机场，都是填海造地修建的机场。海上机场的建立，使飞机的运输具有更广的范围。

浮动机场，是漂浮在海面上的一种机场。其借助巨大的无动力海上浮体，靠绳索系留在海面，以作机动海上基地。其"搭载"的飞机不只是水上飞机，除了大型客机、运输机外，一切非作战军用飞机也均适用。

从航空母舰到水上飞机，作战平台观念不断产生新飞跃。然而，现代海上浮动机场的外延和内涵将远大于此两者。

对于美国，大中型城市几乎都有自己的机场。但很多飞行员一提到飞往加利福尼亚圣地亚哥时就倍感紧张。因为在这个狭长的半岛上密布着许多城市，尤其是圣地亚哥的摩天大楼，当飞机从上面飞过时，总会产生"自杀"的感觉。针对一系列飞行难题，圣地亚哥漂浮国际公司提出大胆计划，建一座海上漂浮机场。美国军界对此颇有兴趣，因为，一旦这种海上机场果真变成现实，其军事价值无量。美国可以推而广之，在全球任何水域快速部署"浮动空军基地"。

日本则称，是为了"避害"而提出方案。因为美军驻日基地的机场和航空母舰经常举行夜间离、着陆（舰）训练，其噪声大大超出了人的忍耐限度，基地周围居民一再起诉，强烈要求"还我宁静夜空"，赔偿损失等。但仍未能阻止这种扰民噪声，所以政府想建设"浮在海上的跑道"，避开居民区，以彻底解决这类问题。

浮动机场主要由主体和支撑浮体组成。

主体为扁平箱式结构，有两层。上层为飞行甲板，下层为机库、贮藏室、居住舱等，长1000米，宽120米。

支撑浮体为圆形柱筒，直径8米，高28米。一半浸没水中，水面以上高14米，好像浮在水面的一座大高楼。

筒柱接触海面的面积极小，与整个浮体面积相比还不足3%。所以约有大部分跑道不受海浪影响，因此，其稳定性极好，甚至超过了航空母舰。水池试验表明，即使遭遇百年不遇的超级台风（风速高达45～50米/秒，海浪高达13米），该设计仍能保证系泊安全。

如日本关西机场（图6-14），位于大阪湾东南部离岸5000米的泉州海上。它是将巨大钢箱焊接在许多钢制浮体上，浮体半潜于水中，钢箱高出海面，用锚链系泊于海上，机场面积设计为1100公顷。它分为主着陆地带、副着陆地带、

图6-14　日本关西机场

海上设施带、沿海设施带、连接主副着陆带的飞机桥和与陆地连接的栈桥等部分。主着陆带总长5000米，宽510米，有一组4000米的主跑道；副着陆带总长4000米，宽410米，设一条3200米的辅助跑道；海上设施带长3500米，宽450米。整个机场共分上下两层，这个机场是世界上最大的浮动式海上机场。

美国则另有特色。其设想的飞行平台长5000米，宽3000米，由中空的圆

柱和蜂窝舱支撑。圆柱上端密封，下端开口，就像水杯倒扣在水中，由钢索系泊固定在洋底。海上浮动机场选点很苛刻，需选择海况适宜但又不能影响海空航运、渔业生产及水下交通的海域。

（二）韩国能顺水漂流的人工岛

全球最大的人工浮岛于2010年2月6日在韩国首尔亮相。这个以钢铁制造的人工浮岛名为Viva，重2500吨，面积3271平方米，大如足球场（图6-15）。它是耗资964亿韩元兴建的3座浮岛中的1座，可容纳2000～2500名游客。Viva经过1年时间建造，靠底部24个直径2米的特制橡胶气囊浮起，今后将在江中组装岛上设施。为防止漂浮岛漂走，江底打下了500吨重的石礅，还有多条最长达69米的铁链系住。一旦洪水水位达16米，或是卫星定位装置发现漂浮岛离开原位超过1米，铁链便会自动锁紧，将岛拉回原位。首尔的3座浮岛同水上舞台、盘浦大桥，诞生新的河岸景观，集合水上活动、展示、表演等功能的人文空间，总面积接近2万平方米，不仅是全世界最大的浮岛，也有举世无双的水上会议中心。

图6-15　韩国建造的能顺水漂流的人工岛

（三）浮岛核电站

日本已开始研究建设海上漂浮核电站的可行性。海上核电站就是建在大的人工浮岛上的核电站。这是日本对核电站厂址有限采取的措施。

从近几年所做的初步研究发现，漂浮型核电站的优点有很多：

（1）在结构上可降低抗地震的要求，因为地震的运动被海水所缓冲。

（2）可使设计达到很高程度的标准化，因为几乎可以不考虑厂址的差异。

（3）由于这种核电站的许多部件都可在工厂中制造和组装，因而可以大大缩短建设时间和降低建设费用，简化审批手续。在可以建造海上核电站之前，还有许多技术问题要解决。作为可行性研究的第一步，将研究地震运动和台风中海波对电站的影响。

第四节　未来的人工岛

学生：未来家居何处？
老师：遥指浩瀚海洋！

一、能源岛

能源岛的设计者多米尼克·迈克利斯为英国皇家建筑师协会会员。他设计的能源岛可以24小时不间断采集风能、太阳能、潮能和热能。多米尼克·迈克利斯的设计蓝图是：将OTEC放在能源岛中心，在直径600米的平台上还装有风力发电机、太阳能转换器，平台下面则是波浪发电设备（图6-16）。

图6-16　多米尼克·迈克利斯设计的能源岛

一个标准的六边形岛屿能产生25万千瓦电能，用不完，则可用电缆将其送到陆地，每度电约10美分，每座岛6亿美元。电能并不是这里制造的唯一能源。可以从海水中分离氢，氢燃料可以用船运至陆地，生产氢燃料电池。如果将多个能源岛连在一起，还可以形成小型岛屿般的能源生产基地（图6-17）。

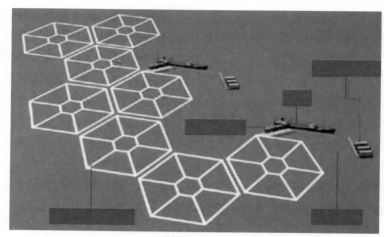

图6-17　多个能源岛连在一起的设计

此外，该基地还可以为农作物生长提供充足的温室条件，而从深海抽吸的冰冷海水则富含多种营养成分，可用于水产养殖。它甚至还能变身为漂浮在海面上的小型港口，供过往船只停泊，还可为观光者提供住宿。风儿吹着，风车转着，人类社会与自然显得分外和谐。

可以说，以能源变局为代表的第三次工业革命，将是实现生态文明和"美丽中国"理念的唯一途径，使得不堪重负的自然环境有望得到喘息和休整的机会，也使得"前人栽树，后人乘凉"的发展模式有了实现的可能。

二、用垃圾造浮岛

荷兰科学家日前提出了一个将海洋垃圾"变废为宝"的宏伟计划：他们计划从太平洋中收集4.4万吨漂浮的塑料瓶和其他塑料垃圾，然后用它们建造一个面积大如夏威夷的"人工岛"，可供50万人在岛上安居乐业，过上自给自足的生活。

1. 收集4.4万吨塑料垃圾

海洋上漂浮的废旧塑料垃圾一直是令科学家和环保主义者们深感头疼的问题。太平洋是受塑料垃圾污染最严重的海域，它拥有世界上最大数量的塑料垃圾。洋流使这些塑料垃圾聚集在一起，在海洋上形成一个个巨型"垃圾堆"，这些塑料垃圾将会给海洋生物带来致命的影响。荷兰WHIM建筑学公司的一组科学家，日前提出了一个将海洋垃圾"变废为宝"的宏伟计划：他们提议从北太平洋中收集起4.4万吨的塑料垃圾，然后用它们建造出一个人工"漂浮岛"。

2. 太阳和海浪提供能源

根据荷兰科学家的设计蓝图，第一步，他们希望先将北太平洋环流系统里可见的塑料垃圾全都收集起来，等收集到重达4.4万吨的塑料垃圾后，科学家就会展开第二步计划，将这些塑料废品经过再循环做成一个个中空的"浮动平台"，然后用它们在美国夏威夷和旧金山市之间的太平洋海域建造一个面积1万平方公里的人工岛屿。

岛上不仅将建现代城市、海滩，还将建一个大型"农场"，整座岛屿的能源将依靠太阳能和海浪能来提供。这座漂浮的人工岛一旦建成，将可以容纳50万居民在上面定居生活。这座人工"漂浮岛"将能完全实现自给自足，为岛上居民提供食物和工作。根据荷兰科学家的设计蓝图，这座人工岛的风景将会和意大利水城威尼斯非常相似。

三、实现《机器岛》的美梦

法国科幻小说大师儒勒·凡尔纳就创作出小说《机器岛》。在小说里，这座面积27平方公里的人造海岛以"模范岛"命名，上面生活着一大群张口闭口就是"百万"的富翁（因此他们所住的城市就叫作"亿兆城"）。后来，机器岛因为人为原因不幸断裂成两截，沉入海洋。

造一座海上浮城，在茫茫大海上自由航行——在法国工程师让·菲利浦·佐皮尼的眼中，这并非一个遥不可及的梦想。最近，他宣布了自己的设计，并透露已有投资商愿意出资建造这座海上浮城。

按照佐皮尼的设计，这是一座10公顷的浮岛，有马力巨大的推进器左右其方向。建在上面的5000间客房，至少可以容纳7000名观光客，岛上将有3000名工作人员为游客提供最好的食宿娱乐。

这项由阿尔斯通公司出资支持的设计，预计将耗资20亿欧元（"AZ岛"名称即由阿尔斯通公司Alstom和设计师Zoppini各自第一个字母而来）。

现在，世界上还没有哪一家造船厂可以一次成型如此规模的海上平台，但是设计者提出，将"AZ岛"的基础部分划成8~9块构件（每块只有标准足球场大小），然后运到海上组装。待基础部分拼装就位，工人们就可以登上这座浮岛，轻松安装配套娱乐设施。在吃水线下面，数台功率强大且可以任意转换方向的推进器，让"AZ岛"能够在海上保持15节（约合28公里/时）的航速。

再加上可抗20米巨浪的设计，"AZ岛"甚至可以不惧加勒比沿海翻江倒海的飓风。

海上城市成旅游天堂。佐皮尼说："从设计标准上讲，'AZ岛'可以穿行于世界任意一块洋面之上，但是它的服务性质决定它无须如此。它会沿着安的列斯群岛，一个岛接一个岛慢悠悠地游荡，直到旅游季节结束。到了下一年，我们再把它转移到地中海，或是塞舌尔附近洋面。"

四、"云霄都市2001"

日本政府已决定在离东京市区约120千米的海面上，建造一座巨大的"海上通信城市"，作为未来众多海上城市的"首都"。规模宏大的"海上通信城市"可容纳100万常住人口，能接待50万外来的旅游者。还有消息报道，日本大林集团正集资建造一座海上摩天大厦——"云霄都市2001"，其位于千叶县浦安外海10000米的海上。它比当今世界上高达443米的美国芝加哥"西尔斯"大厦还要高出3.5倍。这座大厦高出海平面2001米，所以才称其为"云霄都市2001"。大厦总建筑面积为1100万平方米，分500个层次，25个大单元，可供14万人长期定居，30万人就业。由于它与内陆隔离，因此能源将自给自足。

海上城市的发展前景如何呢？美国著名的气象学家和海洋学家斯皮尔豪斯曾撰文指出：未来的海上城市将是高度发达、高度工业化的新型的人类活动社区。城市周围将是大片的海上农场和海底油田。海上农场和海底油田将为海上城市提供粮食、农副产品，为海上城市中的工厂提供原材料，给整座城市提供能源。他还指出，海上城市应建立在离大城市不太远，但又保持一定距离的海面上，若即若离，既保持较方便的交通联系，又不发生互相作用的空气污染和水质污染。

五、标志性人工岛将越来越多

随着滨海旅游用地的日益紧缺，人工海岛将逐步成为滨海旅游及商业地产开发的热点，商业开发与公共资源、生态环境的矛盾也将随之激化。

人们希望通过人工岛项目，形成比较合理的规划设计，可以在创造一种景观的同时，更好地保护原有的生态资源和公众所拥有的景观环境，使人工岛不同于内陆的经济价值和景观价值得以最大体现。

第七章
水产养殖工程

20世纪70年代起，可利用的陆地资源越来越少，人类生活的环境越来越差。因此，科学家提出，只有广阔富饶的海洋才能解决上面所说的难题。人类的口号是：耕耘蓝色的海水，播种蓝色的希望。天地宇宙，万物和谐，平衡则存，强暴则亡。

第一节　人工鱼礁

生态渔业

曾经被认为"取之不尽、用之不竭"的海洋渔业资源很多已经达到开发利用的极限。随着人口增长和社会发展，人们对水产品的需求量将进一步增加，按照目前的捕捞量和海洋渔业资源自然恢复情况，世界范围内的许多鱼种在不久的将来会灭绝，现在全球性海洋捕捞实施禁捕只是"亡羊补牢"而已，距离资源的恢复还远远不够。因此，海洋渔业资源的可持续利用成为当前世界海洋渔业界的重要研究课题。

那么，如何合理地开发海洋渔业资源，摆脱目前的困境，解决开发和可持续发展的矛盾呢？十几年的经验教训告诉我们，唯一的出路在于发展生态渔业，建设海洋牧场。

（一）海洋牧场

海洋牧场的构想，最早是由日本在1971年的海洋开发审议会中提出来的。1978—1987年日本着手实施"海洋牧场"计划，建成了世界上第一个海洋牧场——日本黑潮牧场。

海洋牧场是指在一个特定的海域内，采用规模化的渔业设施和系统化的管理体制，建设适合水产资源生长、繁育、栖息的人工渔场，通过增殖放流的方法，将生物苗种放流入海，然后利用自然的海洋生态环境和微量的饵料投入进行苗种育成，并采用鱼群控制、环境监控等先进技术进行科学管理，增大渔业资源量，高效、有序地进行渔获。

曾呈奎先生在1981年就提出了海洋农牧化的设想，他把对渔业资源的增殖与管理分为"农化"和"牧化"。20世纪80年代后期兴起的海水养殖业可以称为"农化"，而海洋生物的人工放流则可以称之为"牧化"。

建设海洋牧场，可以把海洋渔业从过去传统的捕捞型渔业，逐步过渡到放牧型渔业。通过渔业转型，不但可以解决我国渔业自然资源匮乏的问题，还可以解决水产品养殖品质的问题。

（二）人工鱼礁

人工鱼礁（Artificial Habitat），是人们有意识地设置于预定水域的一种构造物。其目的不再限于诱集鱼群，形成渔场，增加渔获量，在增殖和优化渔业资源、修复和改善海洋生态环境、带动旅游及相关产业的发展、拯救珍稀濒危生物、保护生物多样性以及调整海洋产业结构、促进海洋经济持续健康发展等方面都有重要意义。建设人工鱼礁，既能保护海洋生态环境，又能促进渔区渔民增产增收，是一项功在当代、惠及子孙的民心工程。

其主要方法：将框架式水泥结构、废旧船只、废旧车辆、人工投石等投入25～40米水深处，当地的自然鱼苗会自动聚集栖息，投放后2～3年，聚鱼效果及经济效益非常明显。

（三）人工鱼礁的发展

人工鱼礁研究和应用进展迅速。日本的鱼礁建设历史悠久，早在1789—1801年就开始建造鱼礁。进入20世纪90年代，日本的人工鱼礁建设产业已形成标准化、规模化、制度化的体制。每年建礁体积约600万立方米。韩国政府也非常重视人工鱼礁的建设，1973—2001年，韩国政府投放礁体700万立方米，建成礁区1200座、面积14万公顷。美国的人工鱼礁也有100多年的历史，20世纪 60年代初，美国的人工鱼礁主要用于沿岸游钓渔业，规划的主体是州政府，人工鱼礁建设者主要是企业、民间组织（钓鱼协会、潜水协会等）。

在我国，台湾地区于1974年由农业委员会会同渔业局进行规划与协调，开始有计划地在台湾沿岸水域投放人工鱼礁。截至2004年年底，台湾已建成人工鱼礁85处，投放各类礁体18万余个，礁区遍布台湾岛四周和澎湖列岛。香港特别行政区于1995年7月宣布拨款1.08亿港元推行"人工鱼礁计划"，此计划是为改善香港海洋生态而优先推行的几个项目之一。大陆沿海的人工鱼礁建设事业开始于20世纪70年代末，截至2004年年底，全国共投放人工鱼礁累计达50余万立方米。其中，浙江省累计达27万立方米，广东省累计达22万立方米。

（四）人工鱼礁为什么能够聚集鱼

鱼之所以能在鱼礁周围聚集，是由于鱼的本能或鱼的习性起作用所致。鱼的本能可有索饵、生殖、逃避、模仿以及探究等的生理作用。所谓习性，是指鱼类对环境的各种反应。如凭借视觉产生适光性，凭借触觉产生游走性等。正是鱼类的这种本能或习性，才促使鱼类产生趋礁的行为：有的鱼喜欢在鱼礁中空的阴影部分滞留，有的喜欢在鱼礁的上部闲逛，有的喜欢在鱼礁周围洄游。

（1）已知鱼眼的视界是150度，有效视距在1米范围内。为此，对于喜欢在中空的阴影部分滞留的鱼种，鱼礁的空洞最好控制在1.5米左右。有的鱼类，利用躯体侧线对声波感应的能力，竟可以感知到1000米远处的目标。可见，鱼礁之间的最大间距一般不宜超过1000米。

（2）不同的介质对声波的反射作用是不同的：泥底反射系数为30%（70%被吸收），沙底反射系数为40%，岩底为60%。鱼礁对声波的反射效果要远好于上述介质，可见鱼礁的存在改变了海水中的声学效应。

（3）已知水中声音传播速度为1450米/秒，是空气中声速的4倍多。当海水由于鱼礁产生涡动而发生声波或者有声波碰到鱼礁被反射后，声波便可以沿水中"声道"传到很远的地方，为鱼类趋礁行为提供了"响导"作用。

（4）在海底堆放的鱼礁，改变了海水的流态（图7-1）：在迎流面一侧，产生减速、紊动和上升流；在迎流面相反一侧，产生了反气旋涡，水流既有下降也有上升。在礁体上部，由于礁体集流作用，流速增大；在礁体内部，流速则显著减弱。总的来看，海底物理环境发生改变，水流流态发生变化：形成礁体阴影，增加可利用空间结构面积；流态的改变，会扩大营养盐垂直输送

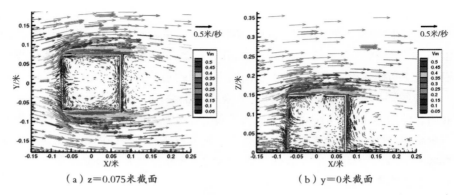

（a）z=0.075米截面　　　　　（b）y=0米截面

图7-1　鱼礁周围流场（邵万骏，2014）

速率，增加溶解氧，使水域的初级生产力提高，从而达到生物增殖的效应。人工鱼礁给鱼类戏水、索饵和栖息提供了多种选择。

　　刘同渝借助水槽试验及风洞试验对梯形、半球形、三角锥体、堆叠式等鱼礁模型进行研究，结果显示，缓流区位于鱼礁两侧，约为鱼礁体的1/3；涡流区位于鱼礁背部，影响范围可达礁体长度的2~3倍，靠近鱼礁部分的涡流大，渐远渐弱。此外，堆叠式鱼礁模型形成的流态最大，其次是梯形鱼礁，之后是半球形和三角锥体鱼礁。

（五）人工鱼礁的种类和构建

　　按功能分类，有鱼类礁、贝类礁、藻类礁；按构筑材料分类，有钢筋砼鱼礁、钢质鱼礁、塑钢鱼礁、废弃物制作的鱼礁（主要为废旧轮胎、废旧汽车、废旧船体、废旧砼构件等组成的鱼礁）、块石鱼礁等；按礁体所处海水中的位置分类，有海底鱼礁、浮鱼礁。浮鱼礁一般为中、上层鱼类聚礁的场所。

　　鱼礁结构以中空形式为主。通常空隙率越大越好，如用钢筋砼制作的鱼礁，其结构形式多为空隙率很大的规则几何体，形状变化多样，有箱形、圆柱形、半球形、三角锥体、堆叠式等鱼礁模型。

　　日本、美国、韩国等早期用废旧轮胎、废旧汽车、废旧船体以及块石等堆放海底形成海底鱼礁。现在鱼礁一般都以钢筋砼为材料，制作成中空的各种几何形体。在日本也有用钢材制作的鱼礁。此外，还有在塑料中加铁砂和在玻璃纤维中加塑料制作的鱼礁。

（六）人工鱼礁的外形和尺寸

　　有学者研究表明，1座100多立方米（空方）的人工鱼礁在海流作用下，对流场的影响范围半径可达200~300米。鱼礁的外形尺寸（主要指高、宽），取决于水深、海流速度及鱼的种类。鱼礁的高度因鱼种而异，例如，对于表、中层水域的鱼种，一般可取1/10水深为鱼礁的高度。鱼礁的宽度可根据雷诺数Re来确定。由流体力学已知：

$$Re = \frac{BU}{\nu}$$

式中：

Re——雷诺数；

B——鱼礁高度；

U——海水流速；

ν——海水黏滞系数。

流体由层流过渡为紊流时的界限可由雷诺数Re加以判定。一般情况下，$Re > 10^4$时，便有层流向紊流过渡现象发生。此时，水体上下交换强烈，鱼类容易找到饵料和不同流速的环境。

因此，当海水流速已知时，即可由$Re = \frac{BU}{\nu} > 10^4$求出鱼礁的宽度。$\nu$是可以测定的。由于海水密度铅直稳定分层的影响，铅直方向的湍流黏性系数一般为$1 \sim 10^3$厘米^2/秒，而水平方向的湍流黏性系数却达到了$10^5 \sim 10^8$厘米^2/秒，两者相差悬殊。我们通常选定铅直方向的湍流系数作为鱼礁设计标准。

（七）鱼礁的平面布置

单位鱼礁是构成鱼礁渔场的基本单元。其有效包络面积的大小，等于单个鱼礁在海底投影面积的20倍左右时，效果最佳（中村充，1979）。如每边长为a（长、宽、高三向尺度）组成体积为V的单个鱼礁，则单位鱼礁的海底面积S为：

$$S = \frac{V}{a^3} \times a^2 \times 20 = \frac{20V}{a}$$

式中：

V——单位鱼礁的体积。

此时，求出单位鱼礁的包络半径R：

$$R = \sqrt{\frac{20V}{a\pi}}$$

由此解出单位鱼礁的体积V为：

$$V = \frac{a\pi R^2}{20}$$

组成单位鱼礁的单个鱼礁个数N为:

$$N = \frac{\pi R^2}{20a^2}$$

单位鱼礁的有效边缘在200~300米之间,单位鱼礁之间的距离一般为400~600米。为了防止鱼群从一个鱼礁群游到另一个鱼礁群,最好取鱼对鱼礁可能感知距离的2倍以上,即鱼礁群的间隔可取为2000米。

鱼礁带的长度L_g可由下式求出:

$$L_g = \frac{DW}{\pi^2 n F_g}$$

式中:

D——鱼类洄游半径;

W——鱼群总量;

n——鱼群数;

F_g——鱼礁带的鱼群量。

W、n、F_g由渔业资源调查确定。在布置鱼礁群、鱼礁带的时候,要充分考虑到作业方式的方便,即考虑到手钓、延绳钓、刺网等主要渔具渔法的需要及可行性。

第二节　杨梅坑人工鱼礁的示范意义

一、杨梅坑人工鱼礁建设

由深圳市农林渔业局负责组织,深圳市海洋与渔业服务中心具体承办,2007年,在划定人工鱼礁区(22°33′00″ N~22°34′08″ N,114°33′21″ E~114°34′59″ E,图7-2)投放规格3米×3米×5米 的钢筋混凝土礁体376个,总空方量60178 立方米,礁区面积达2.65平方千米 。根据杨梅坑人工鱼礁区水交换和人工鱼礁区保守物质扩散的计算结果,其生态调控区面积为7.02平方千米。

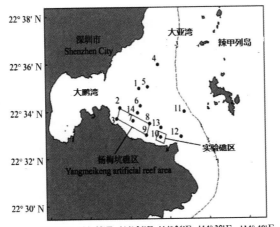

图7-2 人工渔礁范围和研究调查站位

二、对比调查时间与调查内容

2007年4月23日，完成鱼礁建设前生物资源量的本底调查，以便和鱼礁建成后对比。2008年3月11日、5月7日、8月18日、11月28日分别在深圳杨梅坑人工鱼礁区及附近海域的S1、S4、S5、S6、S7、S11、S12、S13、S14站位进行拖网试捕调查，其中S7、S10站位位于礁区海域，S13、S14站位位于人工鱼礁调控区内，S1、S4、S5、S6、S11、S12站位位于非礁区海域。本底调查时，由于S10站位已投试验性鱼礁，因此渔业资源拖网调查改在试验性礁区边的S13站位进行。2008年调查时，由于S7站位已投鱼礁，因此S7站位和S10站位的渔业资源拖网调查分别改在S13站位和S14站位进行。

通过深圳杨梅坑人工鱼礁区的基本化学、生物要素数据，及其附近海域的生态调查结果，对鱼礁进行评估，对海洋生态服务功能进行评估。

生态系统服务指人类从生态系统功能中直接或间接获得的效益（图7-3）。

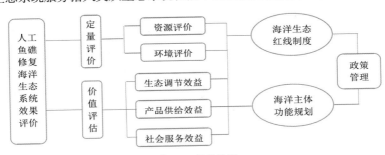

图7-3 评估过程

（一）杨梅坑人工鱼礁区生态系统的产品服务价值

深圳杨梅坑人工鱼礁构建后，其游泳生物种类和数量均大幅增加，经济价值较高的种类所占比例显著上升。杨梅坑礁区的食品供给服务主要来自捕捞的海产品，2007年和2008年的调查表明，人工鱼礁区的渔业资源生物量比本底调查增加5～6倍（图7-4）。

杨梅坑礁区的食品供给服务价值约525.60万元/千米²。人工鱼礁区构建后，礁区的大型藻类品种和数量远高于深圳市附近的大部分海域。附着在人工鱼礁上的大量贝类等死亡后提供给游泳生物等的产卵基质也远大于附近海域。

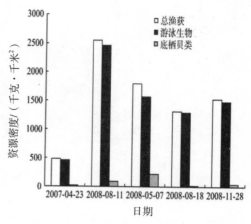

图7-4　杨梅坑人工鱼礁生物量（秦传新等，2011）

（二）杨梅坑人工鱼礁区生态系统的调节价值

人工鱼礁投放后，礁区海域原有的平稳流态受到扰动，营养盐浓度升高，提高了海域的基础饵料水平；形成的底流流场导致底质变动，使底栖生物栖息环境发生变化；礁体上的大量附着生物为游泳生物提供了丰富的饵料，使礁区成为鱼类丰富的饵料场；背涡流影响区域的环境相对静止，可为某些游泳能力较弱的生物提供庇护；泥沙、大量的悬浮物等会在背涡流区域停滞，从而吸引游泳生物聚集；人工鱼礁的空间结构、阴影效果，形成了良好的栖息所和庇护所。这一切提高了鱼礁区内的初级生产力水平：鱼礁区初级生产力水平达306.5毫克碳/（米²·天），远高于对照区域初级生产力水平260.6毫克碳/（米²·天）。

人工鱼礁区浮游生物、附着生物、大型藻类的生长可固定大量CO_2，并释放出O_2，对于气候调节和空气质量调节价值的贡献也远大于周边海域。杨梅坑人工鱼礁区的气候调节价值为13.63万元/千米²。

除浮游植物、大型藻类以及捕获的鱼虾等可去除水体中的氮磷外，人工鱼礁上的附着生物对氮磷的去除效果也比较明显，杨梅坑人工鱼礁区附着生物量高达28.57万元/千米²。杨梅坑人工鱼礁区的水质调节价值（浮游藻类、大型藻类、海水鱼、海水虾、人工渔礁附着物、底栖生物等对总氮、总磷的移除）为2960.27万元。

（三）杨梅坑人工鱼礁区生态系统的社会服务价值

杨梅坑人工鱼礁区的知识拓展服务价值为219.48万元。人工鱼礁区诱集了大量的经济鱼类，促进了人工鱼礁区游钓业的发展，在人工鱼礁区开展的潜水游、农家乐等也拉动了深圳市旅游娱乐业的发展。深圳杨梅坑人工鱼礁区文化服务价值为5714.67万元。

第三节　人工鱼礁中的海洋工程研究

一、工程的基本原则

人工鱼礁建设是一项复杂的系统工程，投资巨大，必须在礁体结构设计及其配套方案等方面提供必要的科技支撑，主要包括礁体材料的选择、礁体结构设计、礁址的选择。

（一）设计的基本原则

由于人工鱼礁所处的海域环境多变，礁体结构复杂多样，因此，关于人工鱼礁的设计，专家认为应考虑以下几个原则：

（1）确保可行性，应保证礁体构件的运输、组装和投放过程切实可行。

（2）不同高度的礁体配合投放。

（3）良好的透空性。

（4）增大礁体的表面积。

（5）良好的透水性，保证礁体内有充分的水体交换。

（二）鱼礁地点水深选择

人工鱼礁生态效应和流场效应若要得到充分发挥，鱼礁投放地点的选择也至关重要。如果选址不合理，不仅会导致鱼礁丧失应有的功能，还会破坏原有的生态环境，以及妨碍海洋的其他正当用途。

1. 生物学根据

多数海洋生物的光合作用和呼吸作用都受控于温度（光照）和盐度的影响。在高温、低盐的条件下，生物的光合作用降低，对生长不利。光是海藻，就有进行光合作用的必要条件，而不同水深的光照是不同的。正因为如此，底栖藻类的垂直分布，由浅到深依次为：绿藻—褐藻—红藻。因此，鱼礁投放水深，应根据当地生物分布确定。何种生物喜欢何种藻类，事先要调查确定。

2. 水文学根据

鱼礁所处海底应无泥沙运动或运动甚低。底泥的运动主要与波浪有关。日本荒木有一个计算泥沙启动临界方法：

$$D_c = 1.71(H_0^2 L_0)^{1/3}$$

式中：

D_c——临界水深，单位为米；

H_0——25年一遇有效波高，单位为米；

L_0——深水波波长，单位为米。

$$L_0 = \frac{gT_0^2}{2\pi}$$

式中：

g——重力加速度；

T_0——波浪周期，单位为秒。

日本目前鱼礁投放水深一般在30~100米范围内，设计波高取30年一遇的有效波高。青岛外海根据波浪观测和计算结果，D_c应该至少30米。

二、不同鱼礁构件和对流场的影响

人工鱼礁投放到海底之后，原有的海洋地貌及流场情况发生了改变，在礁体及礁区周围引起上升流和背涡流等变化，称之为人工鱼礁的流场效应。因此，科学养鱼，不是简单抛下一些废旧船只、汽车、石料就算完成鱼礁建设，其中存在很多科学的问题。如块体形状、叠放方式、块体间距等都会产生不同流场，自然，集鱼效果也不一样。下面我们给出实验室内借助物理模型实验手段，得出几种礁体构件对流场不同影响的结果。

（一）圆柱形礁体构件

圆柱形礁体构件对水流有所影响，如图7-5至图7-7所示。

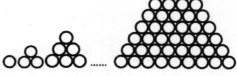

图7-5 采用圆管叠放方式

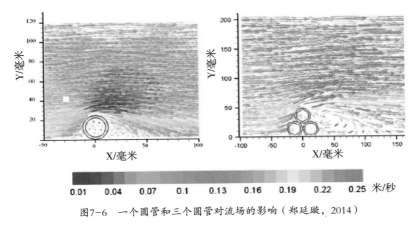

图7-6　一个圆管和三个圆管对流场的影响（郑延璇，2014）

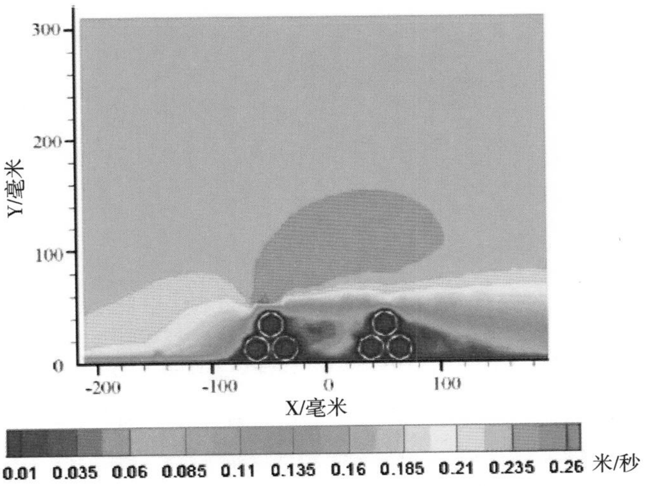

图7-7　不同间距对流场的影响（色标：流速尺度）（郑延璇，2014）

（二）等边三角形礁体对流场的影响

等边三角形礁体对流场有所影响，如图7-8、图7-9所示。

因此，研究不同尺寸、形状、结构的鱼礁单体或不同布设间距的鱼礁双体所产生的上升流和背涡流规模，及其所引起的其他生态环境要素（如营养盐等）变化之

图7-8　等边三角形礁体结构

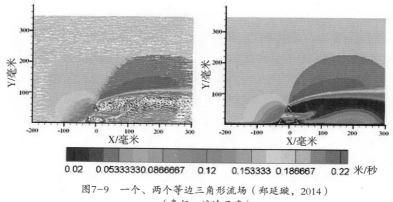

图7-9　一个、两个等边三角形流场（郑延璇，2014）

（色标：流速尺度）

间的定量关系，将有助于提高人工鱼礁建设的效益。人工鱼礁的形状将直接影响鱼礁周围的流场，因此，进行人工鱼礁礁体设计时有必要考虑礁体形状形成的流场强度和规模。

　　人工鱼礁投放后生态效益和流场效应若要得到最大限度的发挥，除了要保证鱼礁投放选址时尽量避开泥质底和高低不平的海底外，还要保证鱼礁在波浪或水流作用下不会发生翻滚或者滑移。

第四节　养殖工程优势海域的选择

一、上升流区域

　　升降流是指海水在垂直方向的一种缓慢运动，运动速度一般在$10^{-7} \sim 10^{-5}$米/秒之间。而水平流动速度量级则为$10^{-1} \sim 10^{0}$米/秒。所以有人说，升降流是海水运动的特殊形式之一。虽然运动速度缓慢，但是对人类生产、生活、大洋水循环、CO_2循环都有特殊的作用。

　　在上升流区，海水向上运动，将底层低温水带入上层，改变那里的热状况；上升流将底层营养盐（硝酸盐、磷酸盐、硅酸盐）带入表层和近表层，从而促使浮游植物大量生长。浮游植物大量生长又促使浮游动物大量繁殖，从而维持更多鱼类的生存。因此，世界上大多数重要渔场都在上升流区。在下降流区，海水向下运动，表层高温低盐水向下延伸厚度最深，营养盐显著低于周围海域。

毫无疑问，上升流区域是鱼礁投放地点的最佳选择。

通常哪里是上升流区？

（一）岬角地区

岬角，是指突入海中、具有较大高度和陡崖的尖形陆地或是沿岸陆地向海或河、湖突出的，形态不规则的高陡基岩陆地。它常常是被海水淹没的一部分山地，或是还没有被海水冲蚀掉的山地的一部分。在岩岸地区，半岛、岛屿和岬角比较多，由于特殊的地形作用，潮流流过这里，就会形成岬角余流［图7-10（a）］。在余流中心，海面降低［图7-10（b）］，周围底层水要流向这里上升补充，于是出现上升流。其影响范围可以达10平方千米以上。在这个区域，经过实地勘查和数值计算，作为鱼礁地点是比较理想的。

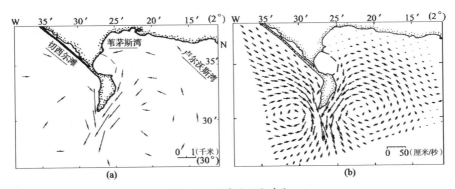

图7-10　岬角地形上升流

（二）岛屿周围

岛屿，是指四面环水并在高潮时高于水面自然形成的陆地区域。海流的流向并非总是严格与等深线平行，一般具有穿越等深线的速度分量。这时，海流会产生由深水区向浅水区运动的趋势，沿海底地形逆坡爬升，完成动能向势能的转变，形成上升流（图7-11）。显然，这种简单机制无论在沿岸海区还是开阔海域都是有效的。当然，在涨落潮的主流方向，上升流最为明显。至于地点选择，还要根据研究结果决定。因为岛屿大小、潮流强弱都有所不同，因此，所形成的上升流范围是不一样的。

图7-11　岛屿引起的上升流

（三）由岸向外深度变化较大水域

底层的低温、高盐水向岸边浅水爬升（图7-12）。这是由于南风沿着海岸方向北吹，Ekman输运由岸指向外海，岸边水流走，底层水上升进行补充，从而导致上升流的形成。

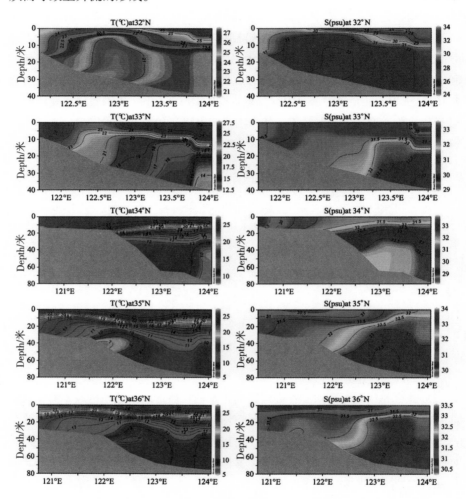

图7-12　南黄海西岸在南风驱动下底层水上升

（四）水深出现盆地式区域

在一个平缓海底，突然出现一个凹陷的盆地式水域，由于地形作用，这里将产生一个气旋式环流，导致上升流出现（图7-13）。

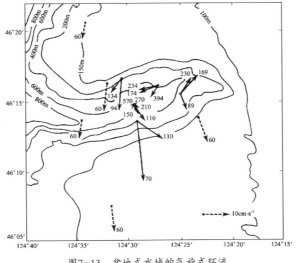

图7-13　盆地式水域的气旋式环流

（五）用遥感方法测得的冷水斑块附近

用遥感方法测得的冷水斑块附近，都是上升流区，也是生产力高值区。在这些区域布置鱼礁，自然可以获得更高的产量。

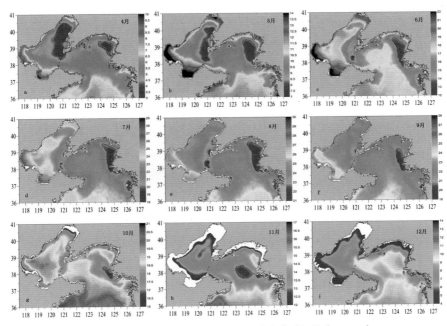

图7-14　北黄海和渤海4~12月冷水斑块分布（胡静雯，2016）

二、夏季低温水域

（一）黄海冷水团底层水分布范围

夏季，黄海整个底层除近岸外，几乎全被低温海水所盘踞，其等温线自成一个水平封闭体系（图7-15）。这个等温线呈封闭型的冷水体，就是黄海冷水团，尤以北黄海最为显著。在冷水团内部，存在两个冷中心，分别出现在南、北黄海，且北黄海冷中心的水温（7℃）低于南黄海冷中心的水温（8℃），在冷水团的周边形成了强的温度锋区。盐度方面，底层几乎全为盐度值大于32.0的次高盐水体所覆盖。该水团占有体积约5×10^{12}立方米。

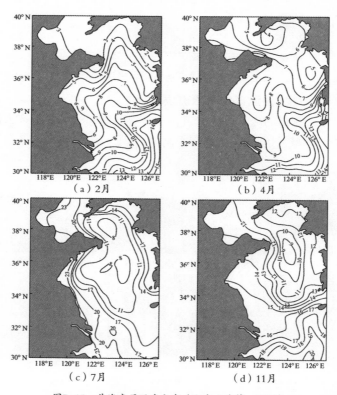

图7-15　黄海底层温度分布（取自于非等，2006）

（二）表底层形成巨大温差

到了夏季，表层最高水温28℃，底层温度只有6℃~8℃（图7-16），表底层温差达20℃~22℃。以△T=20℃计算，蕴藏热量4×10^{20}焦。这是一个巨大的

图7-15　黄海底层温度分布（取自于非等，2006）

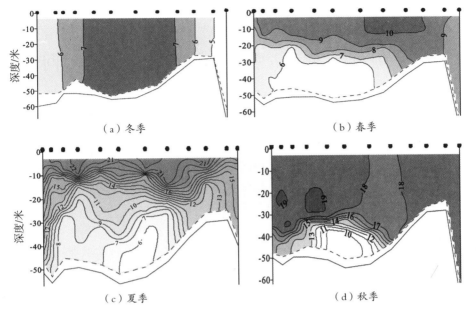

图7-16 大连老虎滩—山东成山头温度断面

冷源，也是潜在的巨大能源。而在深海大洋中，8℃~10℃的低温海水要在400米深处才会出现。我国渤海、黄海、东海都不存在这个深度，只有南海存在，但是，广东省距离400米水深水域约400千米，海南岛最近距离也要300千米以上。只有台湾岛距离最近，但也要5千米以上。南海水深浪大，水下设施很容易被风浪破坏，此外，从这样深处提水，本身也有很大难度。因此，黄海冷水团在世界上是得天独厚的巨大冷源。在全世界海洋中、低纬度区域，还没有一个水域像黄海冷水团这样浅水、低温、规模巨大。

（三）黄海冷水团可以多种利用

正是由于这个冷水团的存在，这片海域的海水才能在夏季也保持在6℃~12℃的低温以及一定的盐度，而这个温度和盐度，则构成了许多深海珍馐如扇贝、海参等最适宜生长的环境。比如说海参，黄海是我国海参的主要产地，10月下旬至11月底是这些北方海参集中捕捞销售的阶段。"獐子岛"位于北纬39°，地处黄海冷水团北部边缘，盛产海参、鲍鱼、扇贝等海珍品，是著名的"獐子岛海参"的原产地，素有"海底银行""黄海明珠"之美誉，得力于黄海冷水团在这里上升、携带丰富营养盐和低温水。

第五节　现代深水养殖新技术、新方式和新空间

海水网箱养殖渔业的迅速发展，有力促进了我国渔业经济的发展。但长期在浅水海域和内湾进行高密度养殖已经引起水质恶化、环境污染、鱼类品质下降、病害增多等多方面问题，浅水网箱养殖很难持续发展。为了实现新时期我国水产养殖业的可持续发展，发展"蓝色农业"潜力巨大。

一、深水养殖的必要性

相较于传统养殖，深水养殖最大的优势在于其养殖品种的增加。传统网箱养的多是常见的鱼类，经济价值大多不高，而深水网箱由于水质好等原因，养殖品种包括市场抢手的石斑鱼、鲳鱼等优质鱼类，不仅所需饲料少而且经济效益高，最终可以实现：

（一）养殖环境生态化

面向远海的离岸深水养殖尚处在研究起步阶段，300多万平方公里的海域大多还处在未开发状态。因此，减轻养殖对近岸海区的影响，恢复近岸被破坏的生态系统，急需研发新的养殖技术，建立新的养殖方式，向着20海里以外的远海、深海海域拓展新的养殖空间，实现我国海水养殖产业可持续发展的目标。中国工程院批准立项了重点战略咨询研究项目"现代海水养殖新技术、新方式和新空间发展战略研究"，将通过新技术、新方式和新空间的实施，推动我国现代海水养殖领域的科学研究向更深更高程度发展。

（二）养殖过程低碳化

充分利用风能、太阳能、潮流能和波浪能技术，摆脱网箱动力源完全依赖石油作为燃料的困境，实现网箱能源供应生态化、清洁化、环保化。

但是，我国发展深远海养殖仍存在诸多问题，如养殖距离远不易控制、网箱自主供能条件差、网箱抗风浪能力不够强等，导致渔民因养殖风险大而不愿意开展深远海养殖。因此，如何更好地解决以上问题是发展我国深远海养殖、摆脱现阶段发展深远海养殖限制因素的必经之路。

（三）养殖基础技术化

研究基站、平台、工船、物种、清洁能源、生态环境工程技术和防灾减灾策略等，是我国深远海养殖发展的相关内容，不仅是我国深远海水产养殖新技术、新方式和新空间研究的重要基础，还是为深远海水产养殖风险的降低和可持续发展提供设备保障，为我国未来海水养殖的高质量水产品持续供给提供技术支撑。为此，要集中力量解决以下几个问题。

1. 解决深远海养殖清洁能源供应问题

深水网箱一般离岸较远，电力传输困难。为了保障深远海网箱养殖活动的安全、顺利实施，需要对其实现实时监控系统，并具备网箱自动升降等功能。研究深远海养殖清洁能源获取技术，是实现深远海网箱养殖活动精细化、自动化、产业化和规模化，将离岸、深水网箱养殖与先进控制技术相结合的前提条件，是我国深远海网箱养殖中远程网箱控制技术发展的能源保障。

2. 解决深远海养殖选址和平台设备构建

深远海养殖区海况复杂，浪高、流急，网箱系统必须有抵抗大浪、强流的能力，这也是深远海网箱抗风浪和耐流技术成为制约深水网箱养殖的主要技术瓶颈。研究在深远海养殖活动中海流、波浪、风暴潮等对网箱的影响，并对其进行评估，建立深远海养殖网箱、平台影响因素评估体系，对我国深远海战略的选址、平台建设、网箱布设等都具有重要意义。

3. 降低深远海养殖活动安全风险

深远海养殖地区远离大陆，水文、气候和生物情况都十分复杂且难以控制，为了养殖活动的安全进行，需要考虑养殖活动区域可能发生的海水动力、人类活动、生物病害等灾害，未雨绸缪，研究形成深远海养殖活动风险评估和防灾减灾策略，尽可能降低深远海养殖的安全风险。

二、深水网箱分类

深水网箱是一种大型海水网箱，总体来说，深水网箱框架强度高，耐腐蚀，具有抗风浪性能（图7-17）。网箱水体均为数百立方米到数千立方米。深水网箱一般安置在离岸水深20米以下的海域。

（一）按照结构来分

有重力式聚乙烯（HDPE）网箱、浮绳式网箱和碟形网箱3种类型。

图7-17 HDPE网箱（左）和浮绳式网箱

深水网箱由于种类不同，其框架材料也有差别。如重力式聚乙烯网箱应用的是高密度聚乙烯管；浮绳式网箱的框架为直径1厘米的尼龙绳；碟形网箱则由镀锌铁桶、铁管及高密度聚乙烯纤维支撑。

（二）按照浮沉状态来分

1. 浮式深海网箱

浮式深海网箱是目前应用最为广泛的一类网箱。按网箱形式、材质、形状、尺寸和适养对象等，浮式深海网箱又可分为很多种类。

（1）非翻转式网箱。浮式深海网箱中以非翻转式网箱应用得较多，这类网箱一般是由非翻转式网箱框架和重力式网衣箱体构成。依据网箱框架的材质，分为刚性框架网箱和柔性框架网箱。刚性框架网箱一般是由木材、钢材、玻璃钢等刚性较大的材料制作的网箱框架。柔性框架网箱是指构成网箱框架的材料具有良好的柔韧性，网箱框架可随波逐浪作跟踪性变形。网衣箱体有聚乙烯（PE）、尼龙（PA）等柔性材料网衣和镀锌钢丝、合金材料等制作的金属网衣等。

（2）可翻转式网箱。可翻转式网箱主要是利用网箱的可翻转性能，方便网衣附着物的及时清除。依据网箱翻转控制，翻转式网箱可分为绕中轴旋转式和无中轴旋转式等。无中轴旋转式网箱是通过浮沉力或浮体位置的调节，来实现网箱的翻转。该网箱通过调整沉石的悬挂位置，将网箱的不同侧面顺序翻转到水面以上，以便网衣附着物的清除。

浮式深海网箱抗浪均为5米左右，但铁制网箱的抗流能力较强，可抗2米/秒的流速。

2. 升降式深海网箱

升降式深海网箱即利用网箱的上浮与下潜功能，躲避台风、赤潮和海洋表层污染等对网箱养殖造成的破坏。目前已开发出多种升降式网箱，应用较多的有HDPE中空管结构的升降式网箱、钢结构升降式网箱和悬挂式浮沉网箱等。前两种是通过网箱框架中空管或浮筒的排气进水和进气排水，来实现网箱的升降控制。后者是通过放长或提升悬挂网箱的绳索，以控制网箱的升降水层。

升降速度较快，一个升或降的过程只要15分钟左右。 抗浪能力为8～10米，抗流能力为1米/秒。

网箱下潜的关键技术在于保证网箱下潜过程的平稳性，防止网箱倾覆、损伤养殖的鱼类。不同类型的网箱有不同的升降系统，如对张力腿式网箱，可通过收缩锚链的方式实现网箱下潜。大部分网箱通过网箱浮体进水排气来实现网箱的升降。常见的一种方式为通过网箱主浮管进、排水实现网箱的升降。也有学者提出了另一种下潜方式，即降落伞方式：将沉子配重和网箱浮子集成一体，放置于网箱底部的下方，只需一套气路和控制阀即可。由于配重较大，因此要求网箱底圈强度足够大。经过对照试验，该方案由于重心明显低于前一种方式，且便于控制下潜过程，平稳性明显优于前者。

浮力装置使网箱在水中保持一定的深度，维持其稳定性。我国传统网箱的浮力装置包括浮子和沉子两部分。浮子的作用是使浮式网箱浮于水面，通常固定在网箱框架下方，最常用的是泡沫塑料；沉子的作用是使箱体下沉、张开，不受潮流和风浪影响，始终保持一定的形状。沉子常用密度大的材料制成，如沙袋、砖头、铁块、铅块等，也有用镀锌铁管围成框子置于箱底的。

深水网箱的浮力装置因种类不同而异，如重力全浮式网箱框架本身具有浮力；碟形网箱的中央圆柱可充气充水，调节比重；张力腿式网箱底部直接由拉索固定于海底。

升降式深海网箱一般需要大于30米以上的水深。网箱下潜10米以上才能躲避12级左右的台风或5~6级大浪；水深太浅则起不到相应的作用，如20米内的海域，在14级以上的台风大浪时，海底的浪流也相当巨大，此时即使网箱下沉，也难以有效抵御如此大浪。

3. TLC式深海网箱

日本研制了一种全金属网箱，这种网箱遇到风浪超过一定程度时（可根据海域的海况特点来设定网箱下沉的阈值），会主动下潜到水下躲避风浪，减小风浪对网箱的影响，保证网箱及养殖鱼类的安全。网箱沉降的深度可根据风浪等级的大小和网箱所在位置水域的深度进行调整。抗浪能力为17米，抗流能力可达5米/秒。

（三）网箱锚系方式

目前，国内外对锚系方式研究较多，常见的网箱锚系方式主要有单点式锚系、多点式锚系、水上网格式锚系和水下网格式锚系方式。

由于风浪的不确定性和海上实际安装施工中的不规范，因此很难保证网箱的结构强度足够和锚泊系统安全可靠。在生产应用中，其锚泊系统既可以采用多箱体串联式的安装，也可以选用单个网箱独自安装的形式。如养殖海区潮流急，多网箱组合的栅格式锚泊系统往往具有较高的安全性能。

网箱锚系主要包括锚绳与海底锚定方式两个关键因素。就锚绳材料而言，现多采用尼龙材料和尼龙材料与金属锚链组合的方式，国内已经成功研制出了高强度聚乙烯纤维材料（UHMWPE）锚绳。

三、国内外深水养殖技术现状

（一）国外深水网箱技术

国外深水网箱起步相对较早，挪威发展最快最具有代表性。挪威有着众多岛屿和海湾，海岸线长达2万多千米，其水产养殖业始于20世纪50年代，从70年代开始大部分养鱼场都由传统网箱过渡为深水网箱养殖。至今，以挪威、美国、日本为代表的大型深水网箱已经取得了巨大的成功，并引领着全球海洋生态养殖的发展潮流。目前，国外深水网箱正朝着大型化、深水化方向发展。

例如，挪威深水网箱90%以HDPE材料为框架，这种重力全浮网箱周长最大可达120米，网深可达40米，每只网箱可产鱼200吨。可抵抗12级大风、5米的浪高，抗流能力超过1米/秒。该网箱应用最广。美国研制的碟形网箱以钢铁混合材料为主要框架，周长可达80米，容积约300立方米。同时，美国研发人员已经研制出了遥控养鱼网箱，可用于深海鱼类养殖。该网箱系统可以利用太阳能、波浪能为自身的智能装备提供能量。通过加入浮标、导航系统和GPS系统，该网箱将实现真正的无人值守，使渔民远在岸上就能够监控到网箱内鱼群的生长状况以及网箱的行驶速度等。

美国麻省理工学院离岸水产业工程研究中心主任克里夫·古蒂（Cliff Goudey）正在建造能够依靠自身能量自动运转的养殖笼（图7-18）。养殖笼有

图7-18　美国GPS监控的深海养殖笼

2个直径为2.4米的螺旋桨，操作人员可以在船上对它进行控制。它由三角形面板镶嵌而成，表面涂有一层乙烯基，采用镀锌钢材料拼合成直径从8~28米大小不等的球体。借助古蒂发明的这项技术，渔民可以轻松定位养殖笼，而不必使用渔船牵引。

这种高度自动化的养殖笼或将迎来一个全新的渔业养殖模式。有一天，它们会模仿自然系统，随着某些指定的海流自由流动。高度机械化的养鱼场将远离嘈杂的海岸地区，更大规模、更健康地进行海产品养殖。而且，养殖笼甚至可以利用太阳能、波浪能等可再生能源为自身供给能量。

总的来看，国外的发展成就主要体现在：

（1）网箱容积日趋大型化，大大降低了单位体积水域养殖成本。

（2）抗风浪能力增强，各国开发的深海网箱抗风浪能力普遍达5~10米以上，抗水流能力也均超过1米/秒。

（3）新材料、新技术广泛应用，在结构上采用了HDPE、轻型高强度铝合金和特制不锈钢等新材料，并采取了各种抗腐蚀、抗老化技术和高效无毒的防污损技术。

（4）运用系统工程方法注重环境保护，将网箱及其所处环境作为一个系统进行研究，结合计算机模拟技术进行模拟分析，融入环保理念，尽量减少网箱养殖对环境的污染和影响。

（5）大力发展网箱配套装置和技术，成功开发了各类多功能工作船、各种自动监测仪器、自动喂饲系统及其他系列相关配套设备，形成了完整的配套工业及成熟的深海网箱养殖运作管理模式。最新研究成果还包括：

1）一种新型的自推进式水下养殖网箱。该网箱可以在水中实现自由沉浮、移动。

2）纯氧注入系统。该系统非常适用于极端炎热期，可以避免鱼的大量死亡，具有很高的经济性。

3）网箱系缆最大张力研究。结论认为海流速度超过1米/秒的地方不适合选作养殖场址，除非有技术设备用来克服严重的网箱体积变形；远海网箱养殖的理想水深范围在30～50米。

（二）国内深水网箱技术

1. 技术的引进和创新

通过技术引进、消化吸收和自主创新，成功研制出抗风浪金属网箱，形成了红鳍东方鲀离岸网箱高效养殖生产模式；建立了拥有6条国际先进的PE管材生产线和完备的网箱系统配件产品、网箱制作与安装设备的离岸网箱设施与装备制造基地；生产的HDEP离岸深水网箱产品的抗风浪能力可达10～12级，年生产能力在800台（套）以上；研制出深水网箱养殖远程多路自动投饵系统，可实现手动、自动、远程三种控制模式，完全满足深水网箱集群养殖的要求。

2. 配套技术的研制

黄滨等设计了一种泵压式网箱沉浮的方法和控制装置，从根本上改变了升降式网箱在日常生产中因浮管进水导致的浮力不足问题，进而实现升降式网箱可远程遥控自动升降。张小康等提出了一种采用多波束水声换能器（8波束）分区扫描深水网箱，对网箱中鱼群分布状态进行实时监测的新方法，通过无线数据传输，使人在岸站能实时监测到深水网箱内的鱼群分布和网衣状态。汤涛林等采用多波束水声换能器分区扫描技术，设计了一套运用于深水网箱的鱼群活动状态实时监测系统，使网箱养殖者能在海水能见度较低时实现对鱼群的实时监测，掌握深水网箱中鱼群的生存状况。中国水产科学研究院南海水产研究所瞄准深水网箱养殖产业需求，经过10多年的系统研究和不懈努力，突破了深水抗风浪网箱装备研制和养殖关键技术，创制出适合我国海况的国产深水抗风浪网箱。网箱抵御台风能力达12级，单箱产鱼量达15～40吨，单箱产值是传统网箱的40倍，成套网箱价格仅为国外同类产品的1/7。

经过10多年的发展，我国深水网箱养殖发展取得了一定的成绩。由我国承建的世界首座全自动深海半潜式"智能渔场"已完成制造（图7-19），即将交付挪威用户。这也是目前世界上最大的深海养殖设备，150万尾挪威三文鱼即将在这个"农场"进行养殖。

图7-19　为挪威提供的"智能渔场"外观

"智能渔场"采用全钢结构，直径110米，箱体总容量20多万立方米，结构总重6000多吨，周长346米，抗12级台风。它突破了挪威传统近海养殖海域限制，可在开放海域100～300米水深区域进行三文鱼养殖，工作配员仅7人，设计养鱼量150万条，设计死亡率低于2%，设计寿命25年，不仅可以解决近海养殖的环保问题，还能抵御恶劣海况。

第八章
海洋工程安全的保证

产量是安全基础，安全为生产前提。只有对海洋掌握规律性的认识，人类才会有未来的辉煌。

海洋环境复杂多变，海洋工程经常要承受台风（飓风）、波浪、潮汐、海流、冰凌等的强烈作用。由于人类现有技术的有限性，进行海洋开发势必带来各种海洋环境风险。国内外近几年来发生了多起严重的海洋工程事故，如中国大连港输油管道爆炸事件、日本福岛核反应堆爆炸事件、美国墨西哥湾钻井平台溢油事件等，给环境带来巨大冲击，给经济带来巨大损失。

除去这些偶发事件之外，在浅海水域还要受复杂地形、岸滩演变以及泥沙运移的影响。温度、地震、辐射、电磁、腐蚀、生物附着等海洋环境因素，也对某些海洋工程有影响。因此，进行建筑物和结构物的外力分析时考虑各种动力因素的随机特性，在结构计算中考虑动态问题，在基础设计中考虑周期性的荷载作用和土壤的不定性，在材料选择上考虑经济耐用等，都是十分必要的。

海洋工程耗资巨大，事故后果严重，对其安全程度严格论证和检验是必不可少的。

第一节　工程设计项目的前期工作

目前，海洋工程项目的前期工作通常可分为如下三个阶段：工作内容、达到的目标、可行性研究（包括初步可行性研究和详细可行性研究）。可行性研究的目的，在于进一步为工程项目建设提供技术安全和经济方面的依据。一般情况下，根据项目设想中所提供的数据和资料，系统地进行技术上和经济上的分析性研究，是一项既费时又需较多费用的工作。因此，这一阶段的工作又可分为初步可行性研究和详细可行性研究两个步骤。

一、初步可行性研究

开始提出拟在某些海域或港口新建或扩建的工程项目，它所依据的数据资料，大多取自已建类似工程并据此进行估算。因此，这一阶段的分析和研究工作比较粗略，无须进行系统的勘测、试验和研究。其目的仅在于阐明某一工程项目在某一地区建设是可行的、不可行的具体意见，以及该项目大致的规模和投资金额。但是，这个项目设想报告，则是下一阶段可行性研究的主要依据文件之一。唯有在初步论证其可行和正确的基础上，才能进行详细的可行性研究，即进一步对初步可行性研究中所发现的那些重要技术和经济问题进行深入的调查、试验、研究和分析。因此，初步可行性研究可视为项目设想和详细可行性研究之间的一个过渡阶段，它们之间的区别仅在于作为论证依据的数据资料和可靠性程度方面的差异，而它们所论述的内容都是大致相同的。

工程设计项目前期工作的所需时间，将取决于该项目的规模和性质，收集和估价必要材料所需的时间和人力、物力以及要求的精确度等因素。表8-1列出了国外从事一般工程设计项目前期工作所需的期限、资金以及工程造价估计精度参考指标。从这些指标中可以看出港口工程项目前期工作时期各阶段工作之间的相互关系。

表8-1　国外一般工程设计项目前期工作的时限、费用及估计精度

项目阶段	期限	需要费用*	估算精度**
项目设想	1个月	0.1%~1%	±20%
可行性研究	1~2年		
初步可行性研究		0.25%~1.5%	±20%
详细可行性研究		1.0%~3.0%	±10%

注：需要费用*——按项目投资费用的百分数估计；
　　估算精度**——指实际投资费用和预估投资费用之间的差异程度。

二、可行性研究

可行性研究是当前对工程项目进行技术经济论证的一种科学方法，也是提高工程投资效果的一项有力措施。现今，国家已有明文规定，凡是重大工程项目必须经过可行性研究的论证，方能进行设计和施工。所以，可行性研究作为工程前期工作中的重要组成部分而日益受到工程界的重视。前期工作时期的可行性研究，对该工程的顺利进展具有决定性意义。

在考虑某一工程的项目设想时，应对其所有基本问题做出明确的结论和建议。这些结论和建议应涉及技术、经济、财务、管理制度、人员组织以及环境保护等方面关键性的问题。

从港口工程项目可行性研究的流程方框图中（图8-1）可以看出，应以港口发展的吞吐量预测和港口发展规模的多方案比较为重点来编制可行性研究报告，重点要解决如下内容：

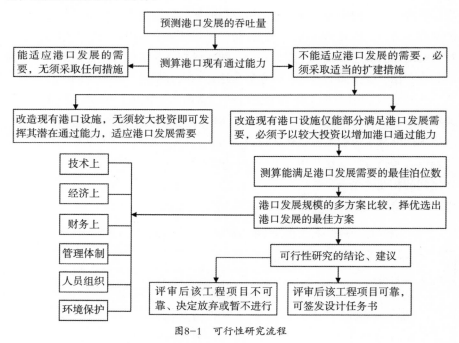

图8-1 可行性研究流程

（一）港口与周边环境的关系

港口建设地点的选择，应是在一个相当大的地理区域内进行多方案的择优确定，港址的选择则是在已确定的择优地点内，对可供选择的多处港区进行比较和优选。因此，在港址选择、平面布置、工艺流程、设备选型等方面都需要进行多方案的技术、经济比较，经过择优过程才能确定出最佳方案。尤其应该指出，港口工程项目的建设地点和具体港址之间的选择不能混淆，也不能互相跨越。否则，可行性研究内容就是不完善的，也是不可取的。另外，港口本身择优过程中，还要认真研究港口与周边环境的关系。

1. 港口和城市之间的相互关系

港口建设涉及的范围是很广的，它与市政建设、铁路、公路以及供电、供水等系统密切相关。因此，港口建设中遇到的有如港区土地和岸线的征用、铁路和公路的疏运能力、环境污染和环境保护措施等问题，都是决定港口建设项目成败的主要因素。如果忽视其中一个因素，必将导致可行性研究的返工。

2. 港口与周围生态环境的保护关系

港口工程建设使大量建筑物填塞河道或海湾，港口建设过程中，在航道疏浚、港池挖泥过程中，底内生物和底上生物因航道底部的底泥开挖、搬运，将全部损失，部分游泳能力差的底栖游泳生物如底栖鱼类、虾类也将因躲避不及而被损伤或掩埋；此外，挖泥施工产生的高浓度的悬浮物和重金属溶出物质也可能会对水生生态环境产生不利影响，从而造成海洋生物资源的破坏。因此，开发建设港口应采取必要的环保措施，尽可能地保护海洋生态环境不遭破坏。

3. 对港口的现在与未来自然条件的演变关系

首先是港口淤积。北方港口淤积的程度要轻于南方的港口淤积，同时，随着世界自然环境总体的恶化，港口淤积程度也在不断加深。 其次是港口工程地基变形。在淤泥质海岸港口工程的地基不稳定，在承担着比陆地相似建筑物大得多的负荷条件下，地基变形是不可避免的，要有一定的预防措施。

（二）经济效益分析

（1）腹地范围和经济特征。它决定未来货种、货源的流向。

（2）港口年吞吐量基本情况和发展趋势的分析、预测。

（3）港口现有设施(泊位、装卸机械、仓库、堆场等)的能力预测。

（4）港口最佳泊位数的测算及建设规模的确定。

（三）工程的方案设计

（1）港区总体布置原则的确定。

（2）港区总体布置方案比较（港区主要尺度、装卸工艺、航道、港池、铁路、公路、港前编组站和分区编组场、辅助设施等）。

（3）水工建筑物的方案比较（地质条件、结构形式、施工方法、工程进度安排等）。

（4）各方案的工程进度及其投资额度。

（5）投资估算和投资效益分析。最佳泊位数，优选的最佳港址，最佳平面布置方案，分阶段实施计划，投资回收年限及投资效益，工程实施中的注意事项和相应建议，有关本研究的各项技术、经济方面的法规、文件、文献等资料。

（四）工程安全要素观测、计算与分析

（1）前期选址及建站。水文站选址及观测点布设工作：针对所需观测的水文要素，对水文站进行合理的选址和观测点布设。观测结果能代表工程海域的波浪、潮汐等要素，能表述取水口处的水温、盐度、含沙量等要素的特征及变化规律。

（2）水文专用站观测内容。波浪观测、潮位观测、温度观测、盐度观测、含沙量观测连续观测一年。

（3）冬、夏季典型潮汐期间综合要素观测。根据厂址海域特性及测验目的，结合历史资料，在厂址海域布设若干水文测站，构成几条断面，进行水深、海流、温度、盐度、悬沙、风况、海况等观测。同时，辅助以临时潮位、气象站观测。

（4）表层沉积物取样分析：夏季典型潮汐观测期间，进行表层沉积物取样工作，并进行粒径分析。

（5）同步全潮水文测验结束后，对资料进行整编，并对观测数据进行统计分析及数值计算，最终形成分析报告。

第二节　和工程有关的气象与水文要素

其中包括：可供选择港址的自然条件——风、浪、流、水深的条件，和地形特征——地质状况、掩护条件等。

一、气象

气象条件是影响海洋工程建设与营运的主要因素。要考虑的气象要素有：气温、湿度、气压、能见度、降水和风等。其中风、降水、雾，都对海洋工程建设、全面规划、未来营运等产生极大的影响。收集海洋工程所在地附近的气象观测资料，研究其发生与成灾的特点，准确做好统计分析工作，客观地推算不同气象要素的统计指标，对加强工程营运水平、提高工程通过能力有着非常重要的意义。

（一）风

在工程设计中，一般按照季度、年度和多年时段，将风记录资料分别绘制成图。图中包括风速和风向频率信息，这种图称为风玫瑰图（图8-2）。借助风玫瑰图，可明确得出如下一些结果：

（1）根据该区域的常风向和强风向，可以统计出港口作业或工程施工天数；可以分析风对港口总平面布置、建筑物设计、施工和港口营运的影响。

（2）考虑到港内装卸作业水域泊稳条件，港口防波堤口门方向应尽量避开强风向。

（3）根据风速，决定船舶航行及装卸作业时间。各种港口作业所允许的

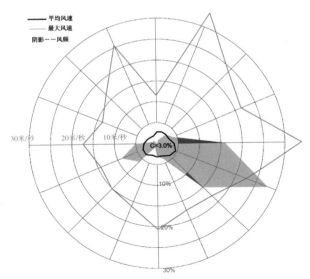

图8-2 风玫瑰图

表8-2　港口作业允许风速参考值

作业项目	允许风级及风速	
	风级	风速/（米·秒⁻¹）
打桩船、起重船作业	5	10.7
引航船靠近船舶、引水员上船	6	10.8~13.8
拖船对船舶强制引水	6	10.8~13.8
船舶离岸码头作业	7	13.9
船靠码头门机装卸作业	7	13.9~17.1
外海疏浚（自航式）	7	15
船靠码头无装卸作业，横风	8	17.2~20.7
船靠码头无装卸作业，顺风	8~9	20.7~24.4

风速参考值列于表8-2中。港口作业天数对于港口营运来说非常重要，如果大风超过了港口作业的允许值，这种大风的天数应当扣除。

（二）降水

特别是当日降水量大于等于25毫米时，规划上认为港口应停止装卸作业，否则将产生危险，因此，日降水量大于等于25毫米天数的重现值对于设计十分重要。

（三）雾

雾妨碍海面能见度，它对海上航运、作业、捕捞、港务活动都有影响（图8-3）。不少海损事故发生在雾日，雾是影响船舶航行的因素之一。雾日发生的海上碰撞事故比视线良好天气时要高好几倍，特别是在视界狭窄海域，危险度更高。

图8-3　海雾

二、海浪

海浪的威力实在大得吓人。法国的契波格海港，一块3.5吨重的构件，在海浪冲击下，像掷铅球似的从一座6米高的墙外扔到了墙内。在荷兰首都阿姆斯特丹的防波堤上，一块20吨重的混凝土块，被海浪从海里举到6米多高的防波堤上。根据计算，海浪拍岸时的冲击力每平方米达到20~30吨，有时甚至可达60吨。人们一般把波高达6米以上的海浪看作灾害性波浪。

（一）规则海浪基本要素

海浪是海面起伏形状的传播，是水质点离开平衡位置作周期性振动，并向一定方向传播而形成的一种波动（图8-4）。海浪的能量沿着海浪传播的方向滚滚向前。

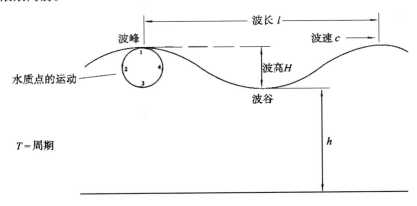

图8-4　波浪中水质点运动和常用名字

周期T表示两个相邻波峰通过同一点所需要的时间。因此，波速c是：

$$c = \frac{l}{T}$$

通常用波数κ表征波长，用波浪频率σ表征周期，即：

$$\kappa = \frac{2\pi}{l}, \quad \sigma = \frac{2\pi}{T}, \quad c = \frac{\kappa}{\sigma}$$

水质点的振动能形成动能，海浪起伏能产生势能，这两种能的累计数量是惊人的。在全球海洋中，仅风浪和涌浪的总能量就相当于到达地球外侧太阳能量的一半。

（二）海浪统计要素

上述公式是对于规则波而言的，实际上，波浪大都是不规则的，波高有大有小，分布杂乱无章（图8-5）。因此，通常对一个时段内（至少要包含100个明显波高）的波浪观测资料进行统计，给出一些实用的统计参数。

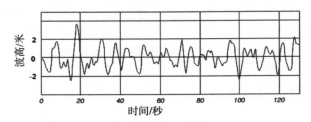

图8-5　实际记录的波浪

1. 平均波高（$\overline{H}$）

如有一段连续波高记录分别为H_1，H_2，…，H_n，则此段时间的平均波高等于：

$$\overline{H} = \frac{1}{n}(H_1 + H_2 + \cdots + H_n) = \frac{1}{n}\sum_{i=1}^{n} H_i$$

2. 部分大波波高（H_p）

在某一次观测或一列波高系列中，按大小将所有波高排列起来，并就最高的P个波的波高计算平均值，称为该P部分大波的波高。例如共观测1000个波，最高的前10个、100个和333个波的平均值，分别以符号$H_{\frac{1}{100}}$、$H_{\frac{1}{10}}$和$H_{\frac{1}{3}}$等表示。部分大波平均波高反映出海浪的显著部分或特别显著部分的状态。习惯上还将$H_{\frac{1}{3}}$称为有效波高。

3. 最大波高（H_{max}）

有时指某次观测中，实际出现的最大一个波高；有时指根据统计规律推算出的在某种条件下出现的最大波高。

（三）海浪要素分布特征

海浪要素是海洋和海洋工程设计中重要的参数之一。它对海面工程设施、沿岸防潮堤坝有巨大破坏作用。在港口平面布置设计中，要考虑减少进港波能，以满足船舶泊稳要求。港口建成后港域及航道的泥沙回淤、岸线变形以及因此造成的海岸环境变化等都与海浪有关。

分析一个海区的海浪特征，最可靠的方法是用该海区海浪的实测资料进行系统的分析。

在海堤设计中，海堤高度和结构形式设计都要考虑波浪的来向。根据工程需要，一般把波浪出现的方向分成16个方位绘制成波况图，也称波浪玫瑰图（图8-6、图8-7）。波高最大的方向称为强波向，频率出现最多的方向称为常波向。

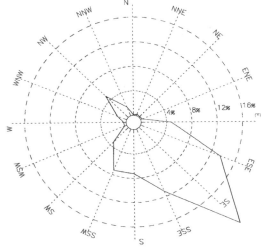

图 8-6　某海洋站各向波频率图

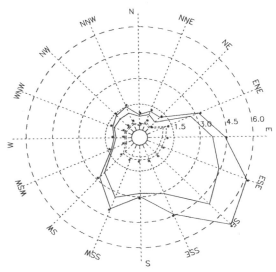

图 8-7　某海洋站各向波高玫瑰图
（——平均值，—极值，标注点者为$H_{1\%}$，未标注点者为$H_{1/10}$）

（四）工程外面深水区波要素的重现期推算

要求得具体工程点多年一遇波要素，就首先得求得工程点外面深水区（至少水深≥20米）多年一遇波要素的值，然后用折绕射方法求得工程点处需要值。

工程点外面深水区多年一遇波要素的值求取，需要用历史资料完成。可惜历史观测资料时长都很短，以中国海洋站建站最早的青岛小麦岛波浪观测为例，1955年建站，至今也只有64年。其他海洋站观测资料（如波浪、潮汐、水温等）的时长更短。然而，我们需要知道100年以上的波高。对核电站则要知道1000年、10000年以上的波高。通俗的说法，就是1000年、10000年才出现一次的波高。怎么办？只好借助一些数学方法来解决。海洋工程中常用的对波浪不同重现期的推算公式有Gumbel分布、Weibull分布、Pearson-Ⅲ分布等。

图8-8就是在一张对数方格纸上，利用一个海洋站20年深水观测的最大波高资料，使用Gumbel方法求得一条最佳拟合曲线。从这条曲线上可以读出100年一遇最大波高9米，1000年一遇最大波高10.4米，10000年一遇最大波高11.6米。

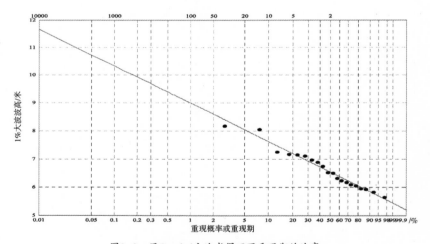

图8-8　用Gumbel方法求得不同重现期的波高

但是，一种方法并不可靠，最好三种方法同时使用，在比较三个结果之后，给出最终合理的结果。

图8-9也是在一张对数方格纸上，利用同一个海洋站20年深水观测的最大波高资料，使用Pearson-Ⅲ方法求得一条最佳拟合曲线。从这条曲线上可以读出100年一遇最大波高9.15米，1000年一遇最大波高10.4米，10000年一遇最大

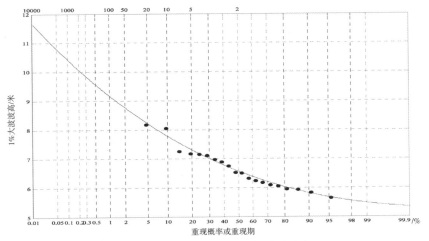

图8-9 用Pearson-Ⅲ方法求得不同重现期的波高

波高11.6米。其结果和Gumbel方法求的结果非常一致，从而认为用数学方法推导结构是可信的。

有了工程点外面深水区波高多年一遇极值，就可以根据波浪传播规律，计算浅水区工程点附近波高多年一遇极值。在没有计算机的年代，只能用人工方法，根据水深和波浪折绕射规律，逐步计算到工程点处。而现在这些工作则由计算机快速完成（图8-10）。

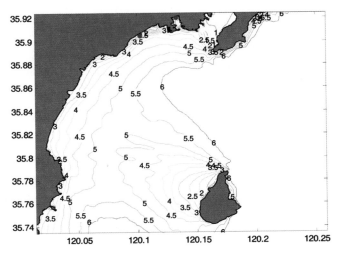

图8-10 工程区域100年一遇SE向有效波高场分布

（五）没有实测资料海域要用风场计算波浪

采用欧洲中期天气预报中心（ECMWF）业务化预报的第三代海浪模式WAM，对南海北部区域台风浪进行模拟计算（图8-11）。

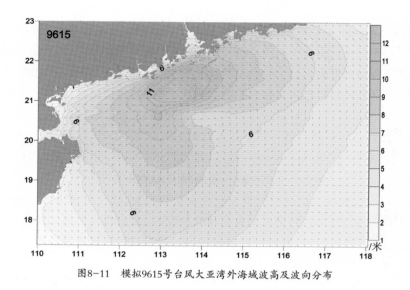

图8-11　模拟9615号台风大亚湾外海域波高及波向分布

从波浪研究的发展历史来看，由于各方面条件和技术水平的限制，一直依靠物理模型或现场观测方法来解决，或许在以后很长时间里，许多问题(如强非线性问题)仍需采用这种传统方法来解决。但是，随着计算机的普及和计算速度的迅速提高，采用数学模型研究波浪问题越来越受到人们的重视。

三、潮汐

（一）潮汐基本要素

1. 潮高

是从潮高基准面算起的潮位高度。在初次观测潮位时，潮高就是水尺零点起算的高度。但是，最终要归化到海图深度基准面的起算高度。高潮高就是指在朔、望后数日内之大潮的高潮水位，一系列高潮高的平均值，称为平均大潮高潮高；大潮低潮位的平均值，称为平均大潮低潮高。平均大潮高潮高与平均大潮低潮高之差叫大潮差；在上、下弦期间发生的小潮的高潮位及低潮位的平均值分别称为平均小潮高潮高及平均小潮低潮高，两者之差叫小潮差

（图8-12）。某地某时潮高加上当地海图水深便得某地某时实际水深。

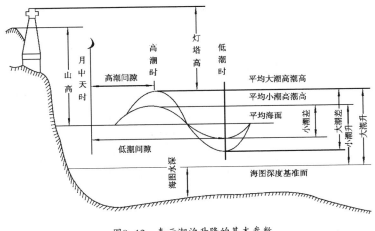

图8-12　表示潮汐升降的基本参数

2．潮时间隙

（1）高潮间隙。为当地月中天时刻起，到当地第一个高潮出现时止的时间间隔。把长期观测的高潮间隙数值加以平均，其平均值，就叫平均高潮间隙。

（2）低潮间隙。为当地月中天时刻起，到当地第一个低潮为止的时间间隔。把长期观测的低潮间隙数值加以平均，其平均值，就叫平均低潮间隙。

3．平均海面

海面升降的平均位置。在验潮站站址确定以后，通过大量的观测资料，就可以确定该区域的海平面。海平面是测量陆地上人工建筑物和自然物（如山高）高程的一个起算面。中华人民共和国成立前，我国没有统一高程起算的零点。自1957年起，我国才统一将青岛验潮站多年的平均海平面作为全国高程系统的基准面。喜马拉雅山的珠穆朗玛峰海拔8844.43米，就是从黄海平均海平面算起的高度。

全国高程系统的基准面，最初是以青岛大港1950—1956年验潮资料平均海平面（也称56基面）作为起算面，随着观测资料增多，改以青岛大港1952—1979年验潮资料的平均海平面（也称85基面）作为起算面。两者相差0.029米。

4．深度基准面

是海图水深的起算面。海图深度基准面一般确定在最低低潮面附近。许多国家都不相同。我国从1956年以后，基本将理论最低潮面作为深度基准面。

它是按照苏联弗拉基米尔斯基方法计算的。即以8个主要分潮组合的最低潮面为深度基准面。在浅海区及海面季节变化较大海区，又考虑3个浅水分潮和2个长周期气象分潮改正，共13个分潮。

（二）潮汐统计特征

工程需要根据当地水文站多年潮汐观测资料，统计给出潮汐各种特征值（表8-3）。

海洋工程产业发展现状与前景研究

216

表8-3　潮汐特征值

名称	特征值（该地零点）	特征值（85高程）
最高高潮位/米	5.36	2.92
平均高潮位/米	3.80	1.38
平均海平面/米	2.42	0.0
平均低潮位/米	1.02	−1.04
最低低潮位/米	−0.70	−3.12
最大潮差/米	4.75	4.75
平均潮差/米	2.78	2.78
平均涨潮时间	5小时39分	5小时39分
平均落潮时间	6小时46分	6小时46分

所有潮汐特征值，都有一个起算面。中华人民共和国成立后，为统一我国的高程系统以适应国民经济发展和国防建设的需要，从1956年起采用青岛验潮站的多年平均（1950—1956年）海平面为中国第一个国家高程系统，即"1956国家高程基准"（简称"56基准"）。但是，由于计算这个基面的潮汐资料系列时长较短，中国测绘主管部门又以青岛验潮站1952—1979年潮汐资料求出新的平均海平面，即"1985国家高程基准"（简称"85基准"）。"85基准"在"56基准"之上0.029米。中国近岸的海洋工程高度起算，也是基于"56基准""85基准"来说的。例如，我们说珠穆朗玛峰的海拔高度8844.43米，就是从"85基准"算起的高度。

（三）海平面上升

海平面，是指在没有外力作用下处于静止状态的理想的水面，而潮汐就是在这样一个理想海平面上下振动着。通过潮汐观测，可以求得平均海平面，即日平均海平面、月平均海平面、年平均海平面和多年平均海平面。观测的时间越长，所求得的平均海平面越稳定，也就越接近于这样一个理想平面。但是，不同海区的海平面是不一样的（图8-13）。

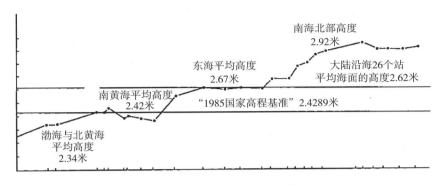

图8-13　不同海区的海平面不一样

　　由于气候变暖，海平面上升，虽然缓慢，但其持续上升引起的后果绝不能低估。因此，在沿岸和海上工程的设计标准中应适当考虑海平面上升的影响（图8-14）。尤其是我国的天津沿海、江苏东部沿海、黄河三角洲、长江三角洲(包括杭州湾地区)和珠江三角洲地区。目前大多数港口建设的使用年限在50年左右，因此，在码头高程设计时可在现行计算方法计算基础上，增加本地区未来海平面上升的平均估计值。

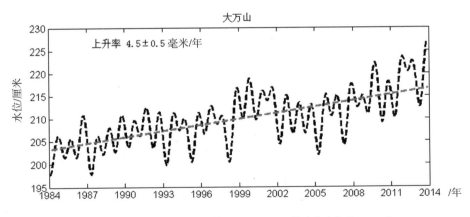

图8-14　大万山月均潮位变化和长期变化趋势（南海分局，2015）

（四）特征水位与基准面

　　平均海平面，除在大地测量上有广泛应用外，它还反映出海水、海岸的上升和下降，从而反映出地球气候的变化和地壳活动的情况。

关于海图基准面的规定，即海图的水深是从哪里算起的问题，许多国家都不相同。有的采用"可能最低低潮面"，也有的采用"大潮平均低低潮面""略低低潮面""平均大潮低潮面""平均低低潮面"等。1956年以后，我国采用了"理论深度基准面"。作为例子，图8-15给出某海洋站各种高程关系。

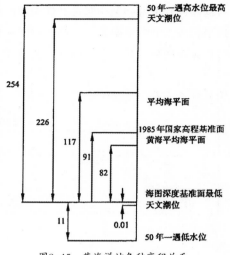

图8-15　某海洋站各种高程关系

四、风暴潮

在沿海地区，有时会出现大风呼啸，海水水位异常上涨甚至超过警戒线的现象。其实，这是一种比较常见的自然灾害——风暴潮，又称"风暴增水"或"气象海啸"。发生的原因是热带气旋（台风、飓风）、温带气旋或冷锋强烈天气系统的强风作用和气压骤变引起海水异常上涨。如果正赶上天文大潮，水位就可能超过警戒线，就会导致水位暴涨，海水冲垮堤岸，造成工业、农业、渔业、交通运输、港口建筑和人民生命财产的重大损失。

增减水值计算

风暴潮增水值是从水位资料中提取，由历时实测潮位减去天文潮位的剩余水位，然后将一个海洋站32年剩余水位，用Gumbel法（图8-16）和Pearson-Ⅲ法（图8-17）点在一张对数方格纸上，求出最佳拟合曲线，分别推算多年一遇极值。

从图8-16和图8-17的曲线上，可以分别读出100年一遇最大增水1.16米和1.26米，1000年一遇最大增水1.47米和1.72米，10000年一遇最大增水1.77米和2.17米。由此可见，Gumbel法和Pearson-Ⅲ法的推求结果并不一致：100年一遇，相差10厘米，随着重现期增加，差值也越来越大。在这种情况下，通常用保守的结果，即Pearson-Ⅲ推算的结果。或者用其他方法加以检验。

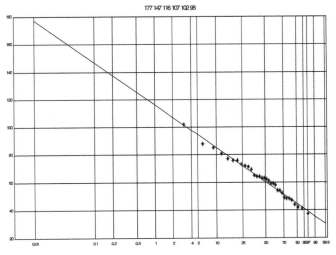

图8-16　Gumbel法推求厂址增水值（数值模拟32年样本）

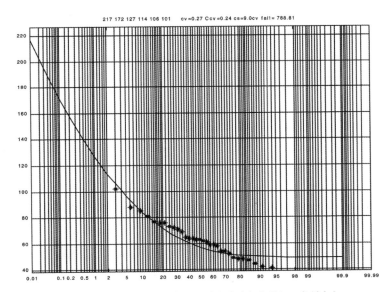

图8-17　Pearson-Ⅲ法推求厂址增水值（数值模拟32年样本）

五、海流

由于港口建筑物和其他海洋建筑物改变了水流边界条件，因而也限制了环流的运动。水流运动将根据新的条件加以调整。环流的变化可能延伸到建筑物以外相当宽广的地方。从许多实例来看，其变化范围取决于建筑物的长度。最明显的就是对泥沙的输移影响，从而改变海岸区的地貌。

图8-18至图8-21是东营大港水域的潮流场分布，我们仅给出涨急（涨潮流速最大）、涨憩（涨潮流速最小）、落急（落潮流速最大）、落憩（落潮流速最小）四种典型流场分布，实际上每个小时，甚至更短时间都有流场计算结果。并且将结果用于东营电厂的温排水计算。从图中可以看出，由于水中建筑物的存在，会在建筑物背后，形成大大小小的涡流。

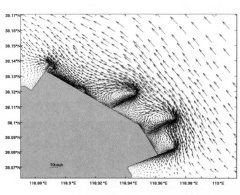

图8-18　涨急时刻平均流场分布

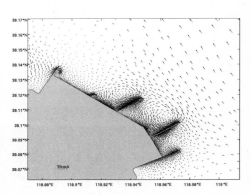

图8-19　涨憩时刻平均流场分布

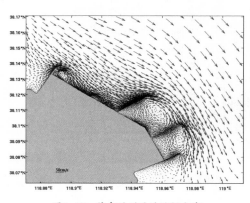

图8-20　落急时刻平均流场分布

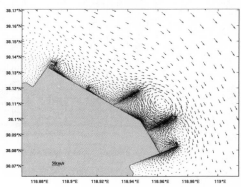

图8-21　落憩时刻平均流场分布

第三节　和工程有关的其他要素计算

一、工程地质

（一）水深地形测量

水深地形地貌数据是分析调查区地形变化的基础数据。通常要用单波束回声测深仪在测区内进行小比例尺单波束水深地形测量（图8-22）。

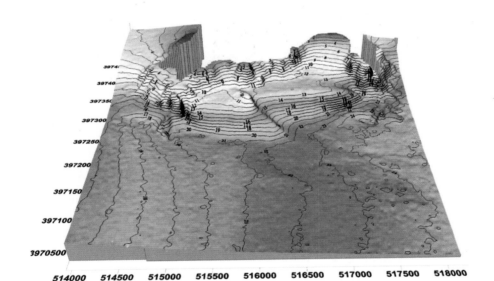

图8-22　水下地形

（二）浅地层和工程地质探测

（1）侧扫声呐可以用来调查海底地貌类型及分布特征，而且可以探测海底障碍物分布尺度和位置。

（2）海底地层剖面仪是一种利用声波脉冲在水中和水下沉积物内传播和反射的特征来探测海底地层结构的设备。其工作原理是利用低频声波脉冲在穿透海底沉积物时信号衰减较少，沉积层之间密度变化的界面将部分声波发射回来，形成反射界面，其反射强度取决于界面两边介质声阻抗的差。根据到达时间和反射强度可以判断地层界面的深度和性质。获得的测区内沉积层、基岩在海底的空间分布状态，可为人工岛设计施工提供参考依据（图8-23）。

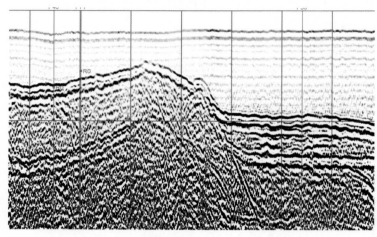

图8-23　浅层坡面

（3）工程地质。

工程地质测绘侧重调查工程地质条件在地表的分布并据以推测工程地质条件在地下的分布，是整个勘查工作的基础也是最主要、最重要的方法。它可以从宏观角度研究工程地质条件及其演变规律，可据以推断地层和构造在地下的分布，建立三维空间地质结构模型。

1）工程地质勘探。工程地质勘探包括工程物探、工程钻探和坑探，侧重于查清、确认工程地质条件在地下的分布规律。其中，工程物探通常用于调查工程地质条件在"线"上的分布，它是在工程地质测绘的基础上，对覆盖层下、河床部位以及深部岩体特性等未查清的问题，进行初步探查，以便合理布置钻探和山地工程。此外，还可用于确定岩土体的物理力学参数(尤其是动参数)。钻探和山地工程是查清工程地质条件的依据性方法，并为室内试验提供试样，为原位试验创造条件，属重型勘探方法。它是在工程地质测绘和物探调查的基础上，对未查清的工程地质条件和工程地质问题进行核实。

2）工程地球物理勘探。工程地球物理勘探简称工程物探，目的是利用专门仪器，测定各类岩、土体或地质体的密度、导电性、弹性、磁性、放射性等物理性质的差别，通过分析解释判断地面下的工程地质条件。它是在测绘工作的基础上探测地下工程地质条件的一种间接勘探方法。按工作条件，可分为地面物探和井下物探；按被探测的物理性质，可分为电法、地震、声波、重力、磁法、放射性等方法。工程地质勘查中最常用的地面物探为电法中的视电阻率法、地震勘探中的浅层折射法、声波勘探等；测井则多采用综合测井。

（三）泥沙淤积与冲刷

海底泥沙长期处于径流、潮流和波浪等海洋水动力因素作用下，具有极其复杂的运动规律。在工程实施之前，海底泥沙已经形成动态平衡，即通常所说的"表观稳定"状态。但是，一旦工程实施，工程周围流场、浪场均衡格局就被打破，于是，周围来沙、海底输沙的原有规律就要被调整、改变，形成新的冲淤形态。图8-24至图8-25给出近岸开敞式海域，为了建港，突然出现一条防波堤之后的冲淤态势。

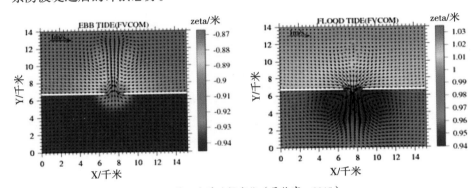

图8-24　港口内外流场变化（吴伦宇，2015）

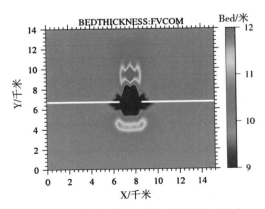

图8-25　港口内外深度变化（吴伦宇，2015）

二、地震海啸

（一）巨大的破坏性

地震是地壳在瞬间释放能量的过程中引起的地壳震动，该震动产生的地震波在传播过程中形成海啸。就目前研究来说，地震发生的主要原因是地球上两个板块在运动过程中相互挤压碰撞，引起板块边缘或板块内部发生破裂或震动。从统计学意义上来讲，全球每年发生约500万次的地震，平均每天就有1万多次，但其中的大多数都太远或者太小，不被人类所察觉，只能被地震仪记录下来。

2010年美国地质勘探局曾经发布数据：自1900年以来，全球平均每年发生16次7级以上的大地震。有的年份不一致，如1986—1989年只有6次，而1943年则高达32次。当前的科学技术水平还无法准确预测地震的发生时间与地点，且就目前科技水平的发展来看，可能相当长的一段时期内，地震发生的时间和地点也无法预测。因此，目前我们人类能做的就是提高建筑物、工程项目的抗震等级，做好抗震预防工作，以期在地震发生时能将危害降至最低。针对滨海海洋工程来说，由于地震的无法预测性，这就要求工程选址与设计都要充分考虑防震因素。

相对受灾现场的地理位置来说，海啸可分为越洋海啸和本地海啸两类。越洋海啸是指横越大洋或从很远处传播而来的海啸。海啸波属于海洋长波，一旦在发源地生成后，在无岛屿群或大片浅滩、浅水陆架阻挡的情况下，一般可传播数千千米且其能量衰减很少，因此可能造成数千千米之外的地方也同时遭海啸灾害。例如1960年5月23日，智利沿海700千米长的地壳发生变动而产生地震，这是世界地震史上一次震级最高、最强烈的地震，震级达8.9级（后修订为9.5级）。这场地震引起的海啸同时也波及大洋彼岸的日本沿岸。据统计，在这场灾难中，智利死亡909人，下落不明834人，伤667人；日本死亡119人，下落不明20人，伤872人，房屋、船舶也都遭受到不同程度的破坏。

本地海啸即局地海啸，目前绝大多数的海啸都属于本地海啸。这种海啸的破坏力远大于越洋海啸，因为本地海啸的发生源地离受灾的滨海地区较近，因此海啸波抵达海岸的时间很短，有时短至几分钟，长者也仅仅几十分钟。在这种情况下，海啸预警时间更短或根本无预警时间，因而往往造成极为严重的灾害。

2011年3月11日14时46分，日本东北部近海发生里氏9.0级特大地震，引起特大海啸。海水漫过福岛核电站防护堤，厂区洪水泛滥，第一核电站1～4号机组中的反应堆先后发生爆炸，造成严重的核泄漏（图8-26）。

图8-26　日本福岛核电站因海啸而爆炸

（二）中国地震海啸潜在危险分析

我国及周边沿海紧邻环太平洋地震带，既面临局地海啸的威胁，也受区域和越洋海啸的影响。以下给出历史上发生在中国近海的局地海啸和区域海啸的记录：

（1）1992年1月4日，海南岛西南部海域海底发生群震，海南岛周围4个验潮站与北部湾内1个验潮站，完整地记录到这次地震引起的海啸波，南端的榆林站记录到这次地震海啸波的最大振幅达78厘米。

（2）1994年9月16日，台湾海峡发生7.3级地震，福建省东山站记录到海啸波幅26厘米。

（3）2006年12月26日，台湾岛西南部海域发生7.1级地震，广东南澳、遮浪、汕尾，福建东山、崇武、三沙、厦门、平潭等潮位站记录到此次地震海啸过程。

除了局地和区域地震海啸，越洋海啸同样可以对我国造成影响。我国东海与太平洋相连，发生在环太平洋地震带上的较大越洋海啸可以横跨太平洋传播到我国沿海。2010年2月27日14时34分智利发生了8.8级地震，引发了海啸，28日16时20分海啸波在穿越整个太平洋后进入我国东南沿海，台湾东部沿岸监测到6～19厘米的海啸波，浙江石浦和椒江潮位站分别监测到28厘米和32厘米的海啸波；2011年3月11日14时46分日本东北部近海发生9.0级地震，地震引发的海啸在6~8小时传到我国大陆东南沿海，浙江沈家门、大陈、坎门、石坪、石浦、健跳，福建东山、三沙、平潭、台山及广东汕头、汕尾等潮位站先后监测到振幅为10~55厘米的海啸波。

影响我国东部沿海的区域海啸的潜在海啸源主要分布在琉球海沟、台湾岛、马尼拉海沟一线（图8-27、图8-28）。中国地震局地质研究所等单位，针对琉球海沟和马尼拉海沟等区域海啸源的震源参数做过评估，认为琉球海沟

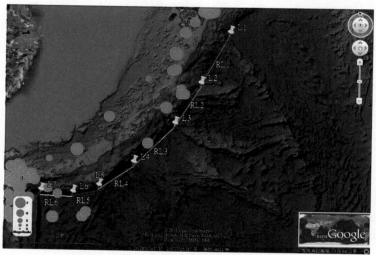

图8-27　琉球海沟潜在地震源位置（南海分局，2014）

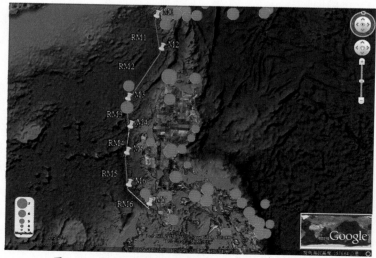

图8-28　马尼拉海沟潜在地震源位置（南海分局，2014）

和马尼拉海沟位于菲律宾海板块西侧，属于次级板块碰撞带。根据历史地震资料，琉球海沟最大历史浅源地震为1916年8级地震，马尼拉海沟东侧历史最大地震为1796年8.4级地震。

三、海冰

（一）渤海冰情

我国的渤海和黄海的北部，因所处的地理纬度较高，每年冬季都有不同程度的结冰现象出现。对于无特大寒潮侵袭的年份，冰情并不十分严重，对海事活动的威胁也不大（图8-29）。

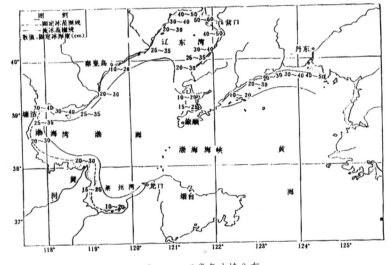

图8-29　正常年冰情分布

但是，如果遇到特别寒冷的年份，尤其是寒潮入侵持续时间较长，在持续低温的作用下，北方沿海也会发生严重结冰，不但使航道封冰，交通中断，海上作业停顿，甚至能把船舶冻结在海上。例如，1968—1969年冬季，由于寒潮持续的时间较长，致使整个渤海冰封（图8-30），不仅冻结了塘沽和秦皇岛港区锚地停泊的大轮，连正在航行中的船只也被封冻在海上，而且冰块还摧毁了海上石油平台。半个多世纪以来，渤海出现灾害性冰情6次，即1936年、1947年、1957年、1969年、1977年和1980年，平均大约10年发生一次。局部海区在短时间发生的封冻所造成的危害也屡有出现。

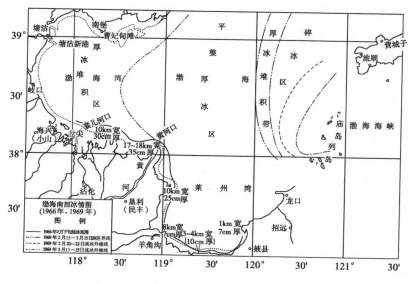

图8-30 1969年冰情分布

（二）渤海冰情等级

为区分各年间冰情的轻重，我国把冰情轻重划分为轻冰年、偏轻年、常年、偏重年和重冰年五个等级。表8-4即表示渤海湾与莱州湾冰情等级标准。由表中划分的冰情等级标准看，各年间冰情的差别很大。

表8-4　渤海湾、莱州湾冰情等级标准

等级	渤海湾			莱州湾		
	冰厚/厘米		范围	冰厚/厘米		范围
	一般	最大	海里	一般	最大	海里
轻冰年	<10	20	<5	<10	20	<5
偏轻年	10~20	35	5~15	10~15	30	5~15
常年	20~30	50	15~35	15~25	45	15~25
偏重年	30~40	60	35~65	25~35	50	25~35
重冰年	>40	80	>65	>35	70	>35

（三）工程设计

锦州9-3油田是中海石油（中国）有限公司天津分公司于1988年在辽东湾北部海域发现的一个中型油田，1999年12月，油田主体区全面投入生产

（图8-31）。正是由于对冰情正确的了解，设计参数选择正确，才能维持海上正常生产（表8-5、表8-6）。

图8-31　辽东湾沉箱平台
左侧：钻采沉箱平台（JZ9-3DRPW），右侧：储油沉箱平台（SLPW）

表8-5　锦州9-3油矿西区和东区抗冰设计参数（沉箱）

冰厚（50年一遇）	平整冰厚	45厘米
	重叠冰厚	90厘米
冰脊（25年一遇）	帆高	1.6米
	龙骨	4米
冰的强度（25年一遇）	抗压强度	2360千帕
	抗弯强度	470千帕
	弹性模量	1824000千帕

表8-6　锦州9-3油矿WHPA、WHPB抗冰设计参数（抗冰锥设计）

	参数	平整冰	流冰
50年重现期	厚度	46.7厘米	70.1厘米
	抗压强度	2.30兆帕	1.84兆帕
	弯曲强度	0.803兆帕	—

第四节　海洋工程展望

一、联合概率模型是工程安全的必然趋势

众所周知，在采用概率设计法（或可靠性分析方法）取代传统的安全系数法以前，海洋工程结构的设计外荷确定，仍然是采用100年一遇、50年一遇等不同重现期的设计外荷作为工程设计标准。因此，在世界各国大力开展海洋工程结构可靠性分析研究的同时，也花费了不少力量进行海洋环境条件设计标准的研究。

工程界惯用的设计方法，是采用各种环境条件，分别进行概率分析，并选取各种环境条件某一概率的极值，作为设计标准。如100年一遇波高、100年一遇风速和海流等。这种做法显然是保守的，因为各种100年一遇环境条件联合出现的概率，绝不会是100年一遇的设计环境条件。因此，采用"100年一遇的风暴""100年一遇的台风"这样的概念，更为符合设计的要求。因为在每一场风暴或台风的过程中，都包含了同时出现的风、浪、流不同组合。以"风暴"或"台风"过程中同时出现的风、浪、流作为随机分析的基本系列，从而得到某组风、浪、流组合及相应的概率水平，以取代传统的设计标准，显然是更为合理的。为此，必须建立多维的联合概率模型。

二、超大型浮体结构问世，带来新的问题

现代海洋空间利用除传统的港口和海洋运输外，正在向海上人造城市、发电站、海洋公园、海上机场、海底隧道和海底仓储的方向发展。人们现已在建造或设计海上生产、工作、生活用的各种大型人工岛、超大型浮式海洋结构和海底工程，21世纪可能出现能容纳几万人的海上人造城市。鉴于大型人工岛建筑需要的工期长、填料多、难以在较深海域中采用等缺陷，所谓超大型浮式海洋结构（指尺度以公里计，具有综合性、多功能性的永久性或半永久性的浮式海洋结构）的设想，已引起人们的广泛关注。该结构可用于海上机场、海上城市、浮式海上基地等，以缓解紧张的陆地资源及减少城市噪声等。1999年8月，日本在东京湾用6块380米长、100米宽的矩形飘浮钢制单体拼装海上漂浮

机场。超大型浮式海洋结构物的设计和构造，对海岸和近海工程来讲是一个全新的课题，首先必须研究解决如下特有的关键技术问题：

（一）环境荷载的确定

由于结构物非常庞大，将显著改变结构物附近的海洋动力环境状况。例如，当结构尺度远大于波长时，用当前适用于普通结构的单一波谱来计算结构的波浪荷载是不适当的。

（二）动力响应分析

对如此大的结构，因其弹性及连接变形十分显著，将产生显著的流固动力联合作用，使得其动力响应更为复杂多变。

（三）结构的分析计算理论和方法

理想的是采用三维模型，但由于结构的庞大，它将超出迄今可及的计算能力，因而可能需要建立各种简化的计算模型。

（四）连接件的构造与设计

包括构造方案、材料的选择和研制、连接件的制造工艺、锚结构形式及锚力的计算方法研究等。

（五）环境影响

超大型结构的存在改变了海上动力条件可能引起海岸的冲淤变化，超大型结构对其下面的海洋生物及水质的影响等问题仍有待研究。对岸滩演变、水域污染、生态平衡恶化等，都必须给予足够的重视。除进行预报分析研究、加强现场监测外，还要采取各种预防和改善措施。

作为海洋生物资源开发利用的关键技术——海洋工程也就应运而生，它被普遍认为是当前最具潜力的技术与工业前沿。

由于海洋环境条件十分恶劣，随着海洋开发利用规模的日趋庞大，因此要求人类对海洋环境条件的认识、工程设施的设计理论与建造技术水平等有很大的提高，以期在保证安全可靠的前提下降低工程造价、缩短建设周期、减少维修工作和延长使用年限。这必将给海岸和近海工程领域的发展带来前所未有的机遇与挑战。

参考文献

[1]陈有文，王晋．从历史维度分析海运贸易全球化对世界港口城市体系的影响[J]．水运工程，2012（5）：43-48．

[2]梁晓杰，东朝晖，熊才启．借鉴典型港口经验助推我国港口物流发展[J]．中国物流与采购，2012（13）：56-57．

[3]吕荣胜，袁艺．港口产业集群对区域经济的带动效应[J]．大连海事大学学报（社会科学版），2006，5（3）：47-50．

[4]汪长江．世界典型港口物流发展模式分析与启示[J]．经济社会体制比较，2012（1）：218-223．

[5]王涛，尹宝树．海洋工程[M]．济南：山东教育出版社，2004．

[6]徐质斌，朱铣政．关于港口经济和港口与城市协调发展的理论分析[J]．湛江海洋大学学报，2004（5）：7-13．

[7]中华人民共和国交通部．港口工程地质勘察规范[S]．北京：中国水利水电出版社，1998．

[8]刘兰芬，郝红，鲁光四．电厂温排水中余氯衰减规律及其影响因素的实验研究[J]．水利学报，2004，5：94-98．

[9]孙志霞．填海工程海洋环境影响评价实例研究[D]．青岛：中国海洋大学，2009．

[10]王丹，邓邦平，董翔，等．我国滨海电厂分布及温排水热量匡算[J]．企业家天地，2014，2：85-88．

[11]贺益英，赵懿珺．温排水对水域生态的热影响及水域热环境容量修复[EB/OL]．http：//dhr.iwhr.com/WebNews_View.asp．

[12]赵多苍．砂质海岸侵蚀与近岸人工沙坝防护技术研究[D]．青岛中国海洋大学，2015．

[13]牟永春，李志彪，袁玉堂，等．关于深海工程技术研究几个问题的探讨[J]．石油工程建设，2008，12：25-29．

[14]国家海洋局海洋发展战略研究所课题组．2012年中国海洋发展报告[R]．北京：海洋出版社，2012．

[15]刘淮．国外深海技术发展研究（一）[J]．船艇，2006，258（10）：6-15．

[16]刘淮．国外深海技术发展研究（二）[J]．船艇，2006，260（11）：17-22．

[17]刘淮．国外深海技术发展研究（三）[J]．船艇，2006，262（12）16-22．

[18]刘淮．国外深海技术发展研究（四）[J]．船艇，2006，264（12）：30-35．

[19]高军诗．跨洋海底光缆技术及其发展[J]．通讯世界，2004，10：44．

[20]胡广．海底光缆路由调查船设计[J]．广东造船，2007，2：10-14．

[21]库伦．海洋科学——站在科学前沿的巨人[M]．郭红霞，译．北京：上海科学技术文献出版社，2007．

[22]李伟，熊福文．潮汐对过江隧道沉降的影响[J]．上海地质，2017，2：18-20．

[23]李士明，任平，马洪年．海洋水下工程技术的发展与对策[J]．海洋技术，1997，16（2）：49-53．

[24]牟永春，李志彪，袁玉堂，等．关于深海工程技术研究几个问题的探讨[J]．石油工程建设，2008，12：25-29．

[25]梅甫良，曾德顺．沉管隧道的进展[J]．地下工程与隧道，2002，4：11-13．

[26]徐家声，张效龙，裴彦良．我国近海磁力仪探测海缆的方法及其结果分析[A]//中国人民解放军海缆通信技术研究中心．第二届全国海底光缆通信技术研讨会论文集．北京：人民邮电出版社，2009．

[27]刘保华，丁继胜，裴彦良，等．海洋地球物理探测技术及其在近海工程中的应用[J]．海洋科学进展，2005，23（3）：374-384．

[28]管志宁，郝天珧，姚长利，等．21世纪重力与磁法勘探的展望[J]．地球物理学进展，2002，17（2）：237-244．

[29]叶银灿．海底光缆工程发展20年[J]．海洋学研究，2006，24（3）：1-10．

[30]张汉春，莫国军．特深地下管线的电磁场特征分析及探测研究[J]．地球物理学进展，2006，21（4）：1314-1322．

[31]张伟，苟耀辉．高效的沉船打捞技术分析[J]．液压气动与密封，2014，10：56-59．

[32]孙树民，李悦．钢质沉船打捞方法综述[J]．广东造船，2006，1：22-27．

[33]程佳佳．浮子式永磁同步波浪发电系统分析与控制[D]．天津：天津大学，2013．

[34]陈金松，王东辉，吕朝阳．潮汐发电及其应用前景[J]．海洋开发与管理，2008，25（11）：37-40．

[35]戴庆忠．潮汐发电的发展和潮汐电站用水轮发电机组[J]．东方电气评论，2007，21（4）：14-24．

[36]戴军，单忠德，王西峰，等．潮流发电技术的发展现状及趋势[J]．能源技术，2010，31（1）：37-41．

[37]封光，钟爽．海洋温差发电的研究现状与展望[J]．东北电力大学学报，2011，31（2）：72-77．

[38]付延光，申宏，孙维康，等．中国海域潮汐非调和常数的计算与分析[J]．海洋技术学报，2016，35（1）：80-84．

[39]高祥帆，余志，梁贤光，等．大万山波力实验电站的研究和发展[J]．新能源，1995，17（11）：23-28．

[40]管轶．我国波浪能开发利用可行性研究[D]．青岛：中国海洋大学，2011．

[41]郭彬．新型永磁直驱式双向潮流发电系统研究[D]．哈尔滨：哈尔滨工业大学，2012．

[42]林馨，林国庆．福建潮汐发电的开发前景与存在问题[J]．电力与电工，2010，30（3）：18-20．

[43]李志川，张理，肖钢，等．200kW潮流能发电装置漂浮式载体运动对水轮机性能影响分析[J]．海洋技术学报，2014，33（4）：52-56．

[44]李允武．海洋能源开发[M]．北京：海洋出版社，2008．

[45]刘宏伟，李伟，林勇刚，等．水平轴螺旋桨式海流能发电装置模型分析及试验研究[J]．太阳能学报，2009，30（5）：633-638．

[46]刘彬．浮体绳轮波浪发电装置系泊系统研究[D]．济南：山东大学，2015．

[47]邱飞．水平轴潮流能发电装置海洋环境载荷与可靠性分析[D]．青岛：中国海洋大学，2012．

[48]世界最大全太阳能游艇成功完成环球航行[EB/OL]．http：//www．chinadaily．com．cn/micro-reading/dzh/2012-05-07/content_5849684．html．

[49]王树杰，盛传明，袁鹏，等．潮流能水平轴水轮机叶片优化研究[J]．中国海洋大学学报，2015（7）：78-84．

[50]王传昆．我国海洋能资源开发现状和战略目标及对策[J]．动力工程，1997（5）:72-77．

[51]王凌宇．海洋浮子式波浪发电装置结构设计及试验研究[D]．大连：大连理工大学，2008．

[52]王德茂．波浪能风能的联合发电装置[J]．能源技术，2001，22（4）：165-166．

[53]姚齐国，刘玉良，李林，等．潮流发电前景初探[J]．长春工程学院学报（自然科学版），2011，12（2）：60-64．

[54]游亚戈，李伟，刘伟民，等．海洋能发电技术的发展现状与前景[J]．电力系统自动化，2010，34（14）：1-12．

[55]张理，李志川．潮流能开发现状、发展趋势及面临的力学问题[J]．力学学报，2016，48（5）：1019-1032．

[56]张斌．潮汐能发电技术与前景．科技资讯[J]，2014（9）：3-4．

[57]尤萨切夫ＩＮ．世界潮汐发电发展前景展望[J]．水利水电快报，2009，30（10）：37-40．

[58]中华人民共和国国家海洋局．关于加强海上人工岛建设用海管理的意见[M]．北京：海洋出版社，2008．

[59]方子杰．人工岛围垦技术的探讨[J]．港工技术，48（3）：47-50．

[60]张伟．我国海上人工岛有效管理研究[D]．青岛：中国海洋大学，2013．

[61]季荣耀，徐群，莫思平，等．港珠澳大桥人工岛对水沙动力环境的影响[J]．水科学进展，2012，23（6）：829-836．

[62]陈立群，张朝晖，王宗灵．海洋渔业资源可持续利用的一种模式——海域牧场[J]．海岸工程，2006，25（4）：71-76．

[63]陈心，冯全英，邓中日．人工鱼礁建设现状及发展对策研究[J]．海南大学学报（自然科学版），2006，24（1）：83-89．

[64]陈永茂，李晓娟，傅恩波．中国未来的渔业模式——建设海洋牧场[J]．资源开发与市场，2000，16（2）：78-79．

[65]陈勇，于长清，张国胜，等．人工鱼礁的环境功能和集鱼效果[J]．大连水产学院学报，2002，17（1）：64-69．

[66]陈勇，于长清，张国胜，等．人工鱼礁的环境功能与集鱼效果[J]．大连水产学院学报，2002，17（1）：64-69．

[67]崔勇，关长涛，万荣，等．布设间距对人工鱼礁流场效应影响的数值模拟[J]．海洋湖沼通报，2011（2）：59-65．

[68]符小明．人工鱼礁修复海洋生态系统的效果评价——以海州湾为例[D]．上海：上海海洋大学，2016．

[69]关长涛，林德芳，黄滨，等．我国深海抗风浪网箱工程技术的研究与发展[C]．北京：海洋出版社，2004：121-127．

[70]关长涛，林德芳，黄滨，等．深海抗风浪网箱养殖设施与装备技术的研究进展[J]．现代渔业信息，2007，22（4）：6-8．

[71]刘同渝．国内外人工鱼礁建设状况[J]．渔业现代化，2003（2）：36-37．

[72]李玉成，宋芳，张怀慧，等．拟碟形网箱水动力特性的研究[J]，中国海洋平台，2004，19（1）：1-7．

[73]刘晋，郭根喜．国内外深水网箱养殖的现状［J］．渔业现代化，2006，33（7）：30-34．

[74]秦传新，陈丕茂，贾晓平．人工鱼礁构建对海洋生态系统服务价值的影响——以深圳杨梅坑人工鱼礁区为例[J]．应用生态学报，2011，22（8）：2160-2166．

[75]邵万骏．人工鱼礁流场特征及稳定性的数值模拟研究．天津：天津大学，2014．

[76]孙满昌，汤威．方形结构网箱单箱体型锚泊系统的优化研究[J]．海洋渔业，2005，27（4）：328-332．

[77]宋协法，宋业垚，万荣．养殖网箱清洗设备的实验研究[J]．中国水产科学，2004，11（1）：78-82．

[78]徐君卓．海水网箱养鱼业的现状与发展趋势[J]．海洋渔业，2004，26（3）：225-230．

[79]薛鸿超，顾家龙，任汝述．海岸动力学[M]．北京：人民交通出版社，1980．

[80]袁军亭，周应祺．深水网箱的分类与性能[J]．上海水产大学学报，2006，15（3）：350-358．

[81]中国水产科学研究院．21世纪初我国渔业科技重点领域发展战略研究[M]．北京：农业科技出版社，1999．

[82]中村充．水产土木学[M]．东京：INA工业时事通信社，1979：401-419．

[83]张怀慧，孙龙．利用人工鱼礁工程增殖海洋水产资源的研究[J]．资源科学，2001，23（5）：6-10．

[84]郑延璇．人工鱼礁流场效应与物理稳定性研究[D]．青岛：中国海洋大学，2014．

[85]白云生，王亚坤．日本福岛核事故将对我国核电产业产生六大影响．中国核工业，2011（4）：13-17．

[86]曹雪峰，石洪源，郭佩芳．基于二元Gumbel-Logistic模型的石岛湾海区异常水位研究[J]．海

洋湖沼通报，2016，4：11-16.

[87]曹颖，朱军政.基于FVCOM模式的温排水三维数值模拟研究[J].水动力学研究与进展，2009，24（4）：432-439.

[88]曾江宁，陈全震，郑平，等.余氯对水生生物的影响[J].生态学报，2005，25（10）：2717-2723.

[89]常向东，周本刚.我国沿海核电厂地震海啸影响分析[J].核安全，2011，4：45-49.

[90]陈晓秋，商照荣.核电厂环境影响审查中的温排水问题[J].核安全，2007，2：46-50.

[91]陈颙，陈棋福，张尉.中国的海啸灾害[J].自然灾害学报，2007，4：1-6.

[92]郭耀武，刘鑫.海啸对我国滨海核电厂坪标高的影响[J].科技创新导报，2015，23：97-98.

[93]纪忠华，潘蓉，路雨，等.浅谈美国核电厂设计基准洪水灾害评价方法[J].核安全，2015，14（3）：17-23.

[94]马武松.日本核泄漏事件背景下的中国核电[J].中国科技产业，2011（4）：56-58.

[95]裴强，王征.核电厂抗震安全评估方法述评[J].地震研究，2016，39（1）：143-150.

[96]祁恩兰.我国核电的建设形势及思考[J].电力建设，2009，30（5）：1-4.

[97]谢骏箭，周鹏，蔡建东，等.我国海洋核事故应急监测与环境评价所面临的问题及对策[J].海洋环境科学，2015，4：622-629.

[98]张爱玲，孟祥龙.滨海核电站防洪体系的设计优化研究[J].港工技术，2011（5）：1-5.

[99]张爱玲.对滨海核电厂防洪评价中海啸影响的一些认识[J].核安全，2008（4）：28-32.

[100]张爱玲.我国滨海核电厂的防洪设计现状及技术探讨[J].核安全，2011（2）：47-52.